2015

获奖作品集

2017

计成奖

中国勘察设计协会园林和景观设计分会　编

中国建筑工业出版社

计成奖

2015

获奖作品集

2017

编委会

景的根本。"巧于因借，精在体宜"，
是巧于因借的成果，精在体现地宜。
"人之本在地，地之本在宜"，彰化地
宜是最接地气的设计。实践是鉴别
设计质量的标准。

设计充备是交流、启发和共同提高
设计质量的有效举措。计成是中国园林
设计哲匠级大师。他的名借"计"为设计，
计成乃设计必成之义。字"无否"指没有否
否。元否者否极泰来。无事不成也。《计成
奖》体现了不忘初心，方得始终。本奖由
全国工程勘察设计协会主办。更体现了
计成奖与行业奖之间的内在关系。计

成一等奖可直接申报行业奖。行业奖
中的一等奖可申报国家奖。获奖作品
出版成书。巩固了充宙的成就，也更扩
大了园林规划设计学术交流的范畴。
成以中国风景园林学会和北京园林学会
名誉理事长和我个人的名义对此表示
诚挚的致意和深切的志谢。百尺竿头
永无止境。盼望中国园林学科和行业，
为建设科技强国奋斗终生。美丽的中
国是由无数的行业总合在一起的综合
国力。

公元二零一八年六月二十八日
孟兆桢

瞄准世界园林前沿大方向

建设中国园林科技强学科行业

——祝贺《计成奖获奖作品集》出版

我国坚持建设科技强国的建设目标，闯时坚持走中国特色自主创新的道路。明确科技创新指标要进入世界前列。

要创建生生不息的美丽中国。钱学森大师说中国园林是科学的艺术。

风景园林规划与设计学科的中心是园林设计。不仅是园林建设的第一个环节，而且以诗画面之意境从物有和精神体现综合的效益。更是同道们为人民根本和长远的利益倾心服务。少科技报国的主要手段。要抢先机占领世界科技高原上的高峰。和世界人民一起建设人类命运共同体。少科技强国自立于世界民族之林。

园林设计要打下全面、系统、扎实的学科基础。在坚实的基础上引领园林设计。中国哲理"天人合一"揭示了"人"与天调而后天下之美生（"管子"）的根本道理。人尊敬、顺从和保护自然，人的能动性表现在，景物因人成胜概。

意象艺术难在从意到象的飞跃。要借"迁想妙得"奏效。也就是园林借景的主要运法。美学家李泽厚先

序二
PREFACE II

中国是世界园林艺术起源最早的国家之一，中华园林艺术具有三千多年的悠久历史，具有极其高超的艺术水平和极为独特的民族风格。

改革开放以来，随着我国经济社会的快速发展，城乡面貌日新月异，人民生产、生活条件都发生了翻天覆地的变化。然而，在城市建设中，一个时期以来由于"急功近利"思想的驱使，园林设计与建设被忽视，城市景观风貌被"贪大、媚洋、求怪"观念所破坏，出现了"千城一面"现象，导致中华传统建筑文化、中国优秀园林艺术的传承与发展受到不利影响。因此，在城市设计和建设中，亟须科学、正确的思想和优秀的建筑设计、园林和景观设计加以引导，发挥先导和灵魂作用。

园林和景观设计属于市政公用工程设计，由于其投资规模小而往往被忽视，在开展全国优秀工程勘察设计行业奖之"市政公用工程优秀工程勘察设计"评选时，也因规模小而难以满足评选条件，园林和景观设计人员的创优积极性因此受到抑制。

2015年，在园林和景观设计分会的积极推动下，中国勘察设计协会将"园林和景观设计"评优从"市政公用工程优秀工程勘察设计"中单列出来，设立"园林和景观优秀设计专项奖"，并以明代著名造园家计成的名字命名为"计成奖"，遵照"市政公用工程优秀工程勘察设计"评选规则组织评选工作，形成以"市政公用工程优秀工程勘察设计"奖为支柱、"计成奖"为补充的相得益彰的局面。"计成奖"设立以来，受到全国各地园林和景观设计单位、从业人员的普遍欢迎，在2015年和2017年的两届评选中，共计267个园林和景观设计项目申报。园林和景观设计分会精心组织了评选工作，22个项目获一等奖、57个项目获二等奖、75个项目获三等奖。其中，部分一等奖获奖项目获得"行业优"一等奖。为了总结和提高"计成奖"评选水平，提升"计成奖"的社会影响力，更好地发挥评优引导作用，园林和景观设计分会将获奖项目编辑成册正式出版，以图文并茂的形式展示获奖项目先进的理念、技术和创意，以达到学习借鉴、激发从业人员创新创优智慧的目的，这个做法值得肯定。

《中共中央国务院关于进一步加强城市规划建设管理工作的若干意见》提出了"提高城市设计水平"和"恢复城市自然生态"等要求，协调城市景观风貌，体现城市地域特征、民族特色和时代风貌将成为提高城市设计水平的指导思想。贯彻落实《意见》精神是园林和景观设计行业新时代的历史任务，必将带来行业改革创新、大展宏图的新机遇。希望园林和景观设计分会抓住新机遇，强化传承中华优秀园林文化的历史担当，认真履行"提供服务、反映诉求、规范行为"的职责，大力加强园林和景观设计的创新创优引导，努力提升设计水平和服务能力，实现行业的新作为，为我国勘察设计行业的持续健康发展作出新的更大的贡献。

中国勘察设计协会理事长

施设

2018年8月

前言
FOREWORD

关于"计成奖"

为了积极响应、认真贯彻落实习近平总书记对绿色、生态和建设美丽中国的重要论述,为繁荣中国园林和景观优秀设计创作,2015 年中国勘察设计协会批准设立"园林和景观优秀设计专项奖""计成奖",该奖由中国勘察设计协会发文颁发。

"计成奖"是以明代著名造园家计成名字命名的专项奖。"计成奖"的诞生,为园林和景观优秀设计评选开辟了新的路径,解决了园林景观设计在地方评优中,与建筑、市政项目在一起评选的不平衡现象,极大地调动了设计人员创优积极性,改善了对园林景观优秀设计的重视程度,更重要的是与国家对生态文明的大政方针极度吻合。

"计成奖"的评选周期和"全国工程勘察设计行业奖"(简称"行业奖")一致,每两年评选一次,2015 年和 2017 年评选了两届。

"计成奖"与"行业奖"是相互衔接的,"计成奖"的一等奖可以直接申报"行业奖",在"行业奖"里获得一等奖的项目,可以继续申报"国家奖"。这既扩大了获奖面,提高了创优积极性,又满足了新时代城乡建设对环境的要求。

为了总结和提高"计成奖"的评选水平,中国勘察设计协会园林和景观设计分会组织汇编"计成奖"获奖项目集,图文并茂地把优秀设计项目介绍给广大的从业者,旨在令广大设计师了解"计成奖"、重视"计成奖"、参与"计成奖"进而宣传"计成奖"。最后也祝愿"计成奖"评出更多更好的园林与景观设计作品。

中国勘察设计协会园林和景观设计分会名誉会长

2018 年 5 月 24 日

目录
CONTENTS

2017　　　　　一等奖

2017　　　　　二等奖

2015
计成奖

一等奖

01

吴江芦荡湖湿地公园 *

设计单位：苏州园林设计院有限公司
项目负责人：谢爱华、沈思娴
主要设计人员：钱海峰、沈贤成、周凯、贺智瑶
参加人员：郑善义、陆晓峰、倪艺、陈洁、周志刚、沈挺、冯超
摄影：谢爱华

一、项目概况

吴江芦荡湖湿地公园位于苏州市吴江南部新城，该区域聚合行政、商务、居住、休闲度假、教育和旅游功能于一体，是吴江最具发展潜力的区域。公园用地周边多规划为居住区，并已建成学校、体育场等设施。

公园用地位于新城南部，南北长约400m，东西宽约830m，总面积为32.1hm²。规划用地形状方整，北至中心路，南至芦荡路，西至鲈乡南路，东至中山南路。其中东西道路为贯通吴江新老城区的重要干道，南北道路为城市次要干道，公园整体交通便利。用地北侧隔牌楼港与震泽高级中学及体育场遥遥相望；西侧跨共青河与居住小区相邻。公园内地势平坦，有多处河道及水塘，场地总体条件较好。

公园于2010年初开始设计，2011年3月开工建设，2013年12月正式对外开放。

二、设计理念及策略

根据吴江城市特色、吴江绿地系统规划及城市公园设计规范，将公园总体定位为具备休闲娱乐、科普教育、文化展示、环境改善、防灾避险等多项功能的全市综合性生态湿地公园。

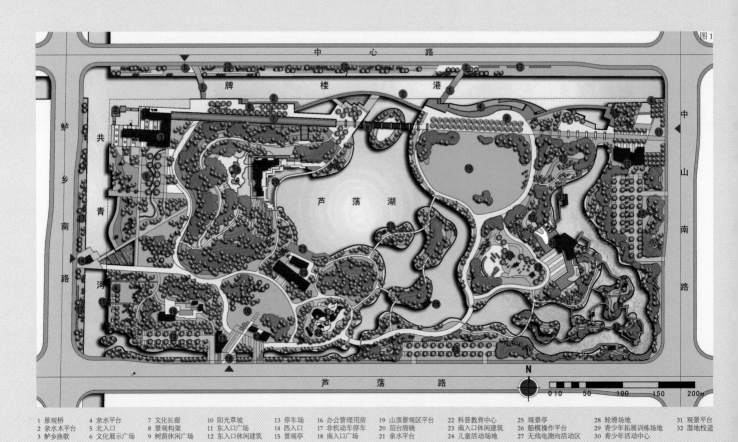

图1

1 景观桥　　　　　4 亲水平台　　　　　7 文化长廊　　　　10 阳光草坡　　　　13 停车场　　　　　16 办公管理用房　　19 山顶景观区平台　22 科普教育中心　　25 观景亭　　　　　28 轮滑场地　　　　31 观景平台
2 亲水木平台　　　5 北入口　　　　　　8 景观构架　　　　11 东入口广场　　　14 西入口　　　　　17 非机动车停车　　20 层台清晓　　　　23 南入口休闲建筑　26 船模操作场　　　29 青少年拓展训练场地　32 湿地栈道
3 鲈乡渔歌　　　　6 文化展示广场　　　9 树荫休闲广场　　12 东入口休闲建筑　15 景观亭　　　　　18 南入口广场　　　21 亲水平台　　　　24 儿童活动场地　　27 无线电测向活动区　30 青少年活动中心

· 原吴江城南公园

图2

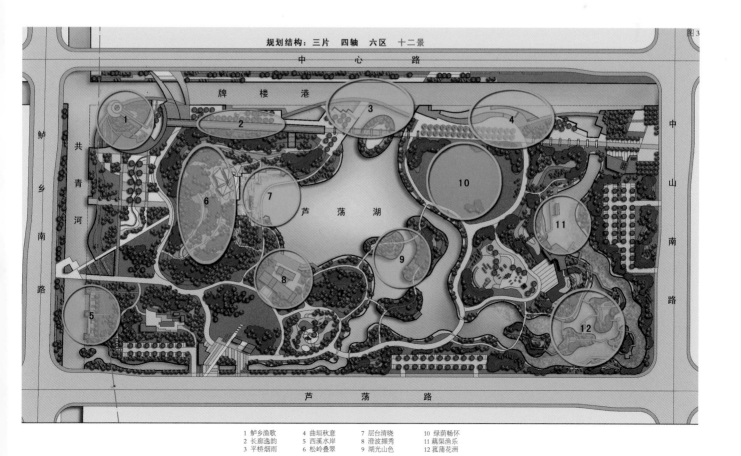

规划结构：三片 四轴 六区 十二景

1 鲈乡渔歌	4 曲垣秋意	7 层台清晓	10 绿荫畅怀
2 长廊渔韵	5 西溪水岸	8 澄波撷秀	11 藕渠渔乐
3 平桥烟雨	6 松岭叠翠	9 湖光山色	12 菰蒲花洲

(一)公园主题

鲈乡绿舟——一处具有丰富文化内涵的城市湿地公园。

(二)公园规划结构

三片、四轴、六区、十二景。

1. 三片：城市滨水景观带、写意山水景观带、生态湿地景观带。

2. 四轴：公园共设置4处出入口，与公园中心制高点形成了多条视觉轴线及视线廊道。

3. 六区：文化展示区、山水景观区、休闲娱乐区、少年科普区、儿童活动区、办公管理区。

4. 十二景：鲈乡渔歌、长廊逸韵、平桥烟雨、曲垣秋意、西溪水岸、松岭叠翠、层台清晓、澄波撷秀、湖光山色、绿荫畅怀、藕渠渔乐、菰蒲花洲。

公园以"三片、四轴、六区"形成全园核心结构体系，再结合各种造景手法，以生态湿地园林景观营造为目的，构筑全园十二景。设计结

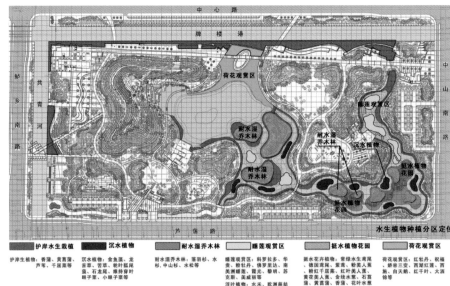

图4

合现状基地大面积的水塘沟渠，形成全园各具特色的湿地水景系统，通过栽植大量水生植物，营造丰富的湿地景观。本公园是实施吴江城南片湿地建设的关键项目，也是全苏州市严格按防灾避险绿地建设要求来实施的首个工程。

三、设计技术及创新要点

（一）生态湿地景观营造技术的运用

吴江历来湖泊众多，有湖便有湿地。芦荡湖湿地公园这座建在城市中的湿地公园，将湿地风光拉近了，近得使每个吴江市民都触手可及。

1. 公园结合基地的水资源特色，强化湿地绿洲理念，加强城市滨水绿地的建设，构建具有鲜明江南水乡城市特征和湿地生态城市特色的亲水型城市。

2. 依水建绿，形成嵌入城市基质中的大型绿色

图 5

图 6

图7

斑块，通过公园景观营造和文化内涵的注入，构筑城市景观亮点，并为城市提供良好的生态环境和宜人的绿色景观。

3. 深入挖掘吴江水文化的内涵和特质，通过滨水湿地景观的系统建设，形成能展现吴江独特水城风貌的景观湿地水网体系，以落实吴江建设"湿地生态示范城"的总体战略目标。

（二）地域文脉与生态理念的高度融合

1. 保留场地记忆

公园规划用地原为芦荡村所在地，场地内有鱼塘多处，场地北部一条笔直的机耕路贯穿东西。这些原有场地的鲜明印记最终都在公园中保留下来——如村名"芦荡"用作公园名称，鱼塘整合后形成形态各异的水面，在机耕路位置打造滨水区域的景观长廊等。

2. 体现地方风貌

白墙黑瓦、曲桥花窗，是苏州传统风貌的缩影，在芦荡湖湿地公园的服务建筑、景观小品、园路铺地中均多次体现，成为名副其实的苏州土地上的公园。

3. 借鉴造园经典——退思园

吴江同里退思园，是被联合国教科文组织列入《世界遗产名录》的苏州古典园林。设计者在有限的空间内，独辟蹊径——建于高处的揽胜阁、眠云亭、天桥，提供了良好的仰视效果，又可俯瞰园内景色，是全园赏景的最佳处。芦荡湖湿地公园挖湖堆山、设计双层观景廊道和屋顶平台均是从中得到启发，希望创造更多空间俯仰关系、提供多种空间体验感受。

（三）防灾避险绿地的营造

1. 在城市的各类防灾系统中，绿地防灾是一种既能为城市提供自然空间又有助于防灾救援的有效手段。城市绿地，尤其是公园绿地，由于其具有较大的规模、相对完善的设施和内部建筑密度较低的特性，能够有效发挥防灾避险的功能，从而成为应急避险的良好场所。同时，城市防灾绿地在抵御灾害发生后引发的二次灾害和救灾过程中，也发挥着极其重要的作用。

2. 本公园是吴江城市绿地系统规划中确定的中

■ 图7 藕渠渔乐
■ 图8 东入口服务建筑
■ 图9 层台清晓
■ 图10 长廊逸韵
■ 图11 绿荫畅怀（应急停机坪）

图8

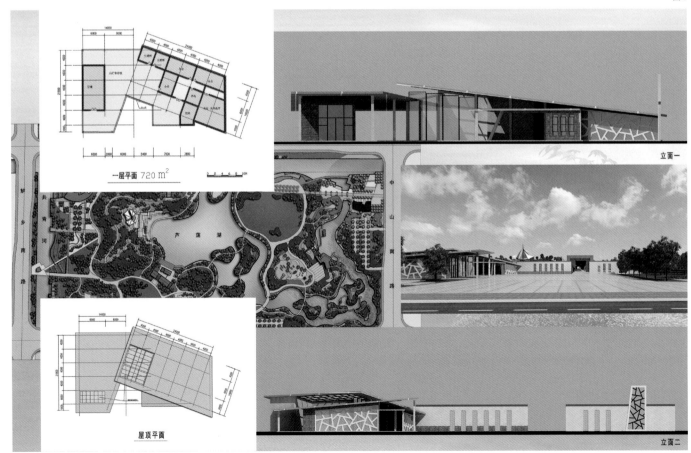

一层平面 720 m²

屋顶平面

立面一

立面二

图9

心防灾避险绿地之一，是容量较大的全市性防灾避险公园绿地，为多个居住区的受灾市民服务。本防灾避险绿地的建设，可提供大面积的开放空间，作为安全生活的场所，提供灾后城市复建完成前进行避难生活所需的设施，也是当地避难人员获得情报信息的场所。公园拥有较完善的设施及可供庇护的场所，也有较完善的"生命线"工程要求的配套设施，如公用电话、消防器材、厕所等。另外，还预留安排了救灾指挥房、卫生急救站及食品等物资储备库的用地、直升机停机坪等。

芦荡湖湿地公园建成后，成为吴江南部新城一个天然的生态"绿肺"，提高了城区"肺活量"，也为城区居民提供了一个休闲娱乐新去处。

图10

图11

图1

一、项目概况

大圳埔湿地建设工程位于东莞生态园内，东部快线的北部，大圳埔排渠的南岸，与大圳埔排渠一堤相隔的是住房和城乡建设部正式批准的珠三角地区首家国家城市湿地公园。设计范围东西边都是景观花田和池塘，南边是荷塘花岛。湿地的设计不仅仅要连接周边地块的生态环境，更要为周围花田和池塘的洪水期排水提供一个排水路径和出口，将周围的积水通过水渠集中向湿地内疏导，再统一向大圳埔排渠里排放。

规划设计面积约34hm²，其中水体面积约10hm²，绿化面积约18 hm²，项目包括园建工程，建筑面积约200 m²，道路面积约10507 m²，栈道和涵洞面积约648.5 m²。

基于生态修复、水系整治促进土地重新利用的建设初衷，大圳埔的设计提出了以水为先、以绿为基和以水为源的生态修复策略以及纵横成网、多绿径、多节点的生态格局。通过适当的人为干预，加快受损生态系统正向演替的速度。通过地形的改变和设计，达到适宜水生植物生长的水文条件，然后以植物的正向演替来带动整个湿地生态系统的建立，最后形成健康完整的湿地生态系统，从而起到净化水质、调蓄水量、改善环境、提供科普教育和游赏的作用。

02

东莞国家城市湿地公园生态园
大圳埔湿地建设工程设计

设计单位：深圳市北林苑景观及建筑规划设计院有限公司
项目负责人：何昉、徐艳
主要设计人员：朱荣远、吴敬军、杨春梅、叶枫
参加人员：吴鹏举、庄荣、魏伟、李先良、王涛、郭彪、胡炜、林亨、王德敬

图2

① 主入口
② 大圳浦湿地管理处
③ 观景亭
④ 观景廊
⑤ 垂钓岛
⑥ 生态岛
⑦ 次入口
⑧ 生态园大道
⑨ 外围排水渠接入口

图 3

图 4

根据生态园的整体的
水系规划，水体常水
位为1.20m，20年一遇
洪水位设为1.80m。
抗洪巡河道要求竖向
3.00m以上。园内建筑，
栈桥均高于1.80m

设计地块的现状地形主要为典型的岭南水乡鱼
塘肌理，水深较深，边坡较陡，不利于水生植物
的生长。水生植物的缺乏导致一方面使景观显
得较为单调，另一方面不具有净化水质的功效。
其次塘埂较窄，缺乏乔木，使整个片区的景观
缺乏层次感。

二、设计思路

基于以上诸多原因，设计主要从水系的梳理、
地形的重塑和生境的营造三个方面进行。

■ 图 1 区位图
■ 图 2 总平面图
■ 图 3 该园区具有典型的岭南水乡特征，
通过乡土植被的选择，构筑典型的东莞
岭南水乡河涌的景观特色
■ 图 4 规划水系及竖向图

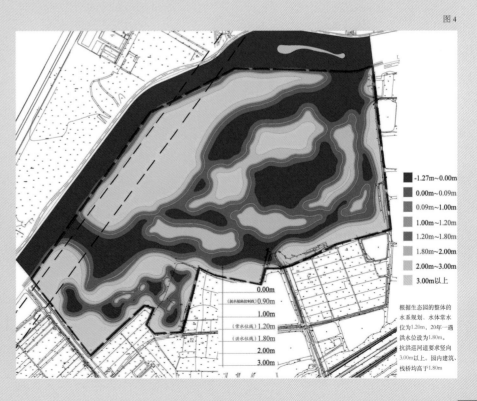

-1.27m~0.00m
0.00m~0.09m
0.09m~1.00m
1.00m~1.20m
1.20m~1.80m
1.80m~2.00m
2.00m~3.00m
3.00m以上

0.00m
0.90m (其水栈桥控制线)
1.00m
1.20m (常水位线)
1.80m (洪水位线)
2.00m
3.00m

（一）水系的梳理

在整个湿地范围内，将原有的鱼塘肌理打破，使整个区域的水体贯通，同时和大圳埔河水也完全贯通，让整个大圳埔湿地成为整个生态园水系有机的组成部分，加强水质净化功能。同时采用模拟自然的手法，模仿自然界中天然河流滩涂的形态，令湿地公园内形成丰富的岛屿、洲、汊等形态，打破原有鱼塘单调的水体景观。

同时，由于大圳埔河在水位很低的时候，湿地内会严重缺水，影响水生植物的生长，因此在湿地和大圳埔河之间设计了位于常水位以下的暗堤。当在常水位的时候暗堤消隐，当水位低于暗堤以下时，湿地内的水就可以保留住，而不会流向大圳埔河，以保证湿地植物的正常生长。

（二）地形的重塑

通过适当的地形设计，特别是水陆交接地段的坡度设计，为适应不同水深的水生植物提供生长空间。在边坡的设计上，为保证边坡的稳定和水生植物的生长，在地形允许的情况下，将边坡控制在 1/10~1/6 之间。

（三）生境的营造

生物的修复主要通过水质的改善和多样化生境的营造来实现。整个生态园的水系水质控制目标为近期地表水四类水，远期为地表水三类水，同时在湿地内也有意挑选了具有强净水功能的植物来加强水质的净化。

通过不同水体形态和地形的营造，形成不同的湿地生境，来吸引不同的鸟类、两栖类、昆虫类生物，实现生物多样性。在湿地的西南角，规划了一块水域和整个大圳埔河相隔离的季节性浅水池塘：一方面是考虑到这块独立的水域可以保证较好的、不受外界干扰的水质，吸引青蛙等对水质要求比较高的生物物种；另一方面，该块独立水域的水文变化完全受季节和自然条件的影响而非人为控制，也可以和其他部分的湿地

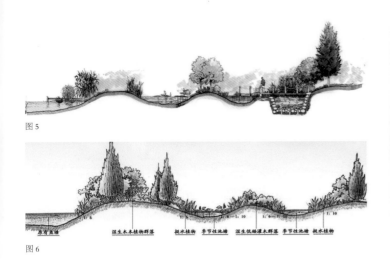

图 5

图 6

原有鱼塘　　　湿生木本植物群落　　挺水植物　季节性池塘　湿生低矮灌木群落　季节性池塘　挺水植物

图 7

图 8

■ 图 5 典型驳岸断面（一）
■ 图 6 典型驳岸断面（二）
■ 图 7 河涌两岸不同水生植物的搭配和运用，既净化了水质，又为湿地公园营造了诗意的景观
■ 图 8 莲叶何田田

图 9

图 10

做对比, 观察纯自然水文状态下的湿地生态修复和人为调节水文状态下的湿地生态修复的区别。

在植物景观规划设计方面, 尽量全部保留现状大树。应用恢复生态学、景观生态学、生态水工学理论, 引入乡土的水生、湿生、中生植物种类, 进行人为辅助下的湿地自然恢复, 完善其生态结构, 建立稳定、高效、生物多样性丰富的湿地生态系统; 滨水植物配置体现 "陆生—湿生—水生" 生态系统渐变的特点和 "陆生的乔灌木—湿生植物—挺水植物—浮生植物—沉水植物" 的生态演变序列, 由此构成绚丽多彩的湿地生态景观; 植物种类选择上坚持 "适地适树" 原则,

■ 图 9 一段简单的木栈桥,将游人的思绪引入无限遐想的湿地公园深处,让人禁不住想走进去一探究竟
■ 图 10 经过几年的生长后,植物已形成丰富的层次
■ 图 11 湿地公园吸引了大量周边的居民到此游玩和休憩,也有很多游客从远处慕名而来
■ 图 12 仁者乐山,智者乐水,临水而憩,感受在都市空间里难得一遇的清净

图 11

图 12

慎用外来物种,维持本地原生植物,保持地域的生态平衡,突出地域文化特色,建立具有当地特色的湿地植物景观;增加植物种类的多样性和丰富性,营建多样化的动物栖息地,增加和丰富了水陆的交接面,进而实现景观多样性,为鱼类、鸟类提供食物,以及繁衍和栖息的场所。

因整个生态园区采取的是生态先行、逐步推进、可持续发展的策略。现阶段首要的任务是水治理和生态修复,对道路及设施仅做简单规划,以满足目前湿地本身的管理及维护需求。湿地内建筑物和构筑物的风格均朴实野趣,以自然的材料——茅草、石材等为主,采用环保节能的设计技术。

通过以上多方面的努力,形成了一个具有参与城市循环经济体系的多功能绿色水系。该园区具有典型的岭南水乡特征,为加快工业化地区生态恢复做出了很好的示范,而且构建了产业与城市融合共生的复合生态系统,促进了自然与城市发展的有机融合。

03

徐州市贾汪区潘安湖湿地公园核心区域景观设计

设计单位：北京北林地景园林规划设计院有限责任公司
项目负责人：田园
主要设计人员：田园、王健、岳铭成、张承明
参与人员：张玲玲、迟守冰、石丽平、马亚培、高宏宇

一、项目概况

项目位于徐州市区西南部吴镇和青山泉镇境内，地处徐州主城区与贾汪城区中间地带，据两地均约18km。规划总面积52.89km²，其中核心区16km²。一期工程全面结束，投资14亿元，开园总面积11km²，水域面积9.21km²。

二、设计理念和策略

潘安湖湿地公园设计的核心理念是道法自然、因地制宜、尊重现实，面对资源枯竭型城市——徐州市贾旺区的采煤塌陷区，根据国土长期可持续整治要求提出综合整治方案。在平均3～6m采煤塌陷区场地区域内，对地质、水文水位、环境、高程等调查勘探，提出引水退水、湿地农业、生态建构、景观文化、水街生活、项目融资、土地抵押的二十八字策略。

规划建设黄淮地区唯一以大型木本景观（水杉、池杉）为主的国家级湿地森林公园综合体，在此基础上推动岛屿开发、村落经营、生态围合、土地开发，综合整治资源枯竭型地区（采煤塌陷区）的产业、资源、环境与经济的发展困境。

潘安湖湿地公园的设计目标不仅仅是生态景观与公园休闲的景区、景点建设，更重要的是面对村镇经济转型、国土整治、民生就业、综合开发、环境价值升级以及地方文化挖掘、经济发展引擎等一系列综合问题的综合解决方案。

图1

图2

图3

■ 图1 主岛效果图
■ 图2 街景
■ 图3 水空间设计
■ 图4 规划总平面图
■ 图5 核心区功能分区

图4

图5

潘安湖地区建设成湿地公园完全是基于现场立地条件、成本条件、水系条件、地勘条件多元引导而成的。场地多处地勘表明，该地区地下6～10m有胶泥层，是天然的湿地水塘、水淀沼泽水生种植区域。而大运河水系不老河、潘安村、屯头河3个区域由东至西正好各自有1m高差，满足由东至西的引水退水条件，所以将潘安湖规划设计成国家湿地公园是成本最优与景观最优之综合叠加。

总体建设策略为，一期进行5.7km²的湿地建设。二期进行2.5km²的湿地水镇集中开发，三期进行综合的生态经济综合景观文化开发。通过三期建设，彻底改善55km²的生态绿色经济区发展状况。

一期核心区域以水为核心，建构系列水上植被空间功能体系；体现乡村生产生活、休闲体验、乡村回归等富有乡村特征的湿地特色，重点规划了马庄区、游客接待中心、挺水植被游览区、浮叶植被游览区、湿地生态保育区以及湿地酒店区6个核心区域；将该区域建设成徐州地区最美的集公园湿地、文化教育、产业集成、美丽村镇、康养休闲、体育度假为目标的综合性绿色生态经济发展示范区。

三、规划原则

1. 贯彻生态美学，倡导生态至上原则。
2. 结合地域民俗，发展地方民俗文化。
3. 挖掘地方优秀的历史文化，结合湿地自然景观建构中国农耕文化之精神家园。
4. 结合当地民居文化和生活文化，结合生产活动本身，建构苏北天府湿地鱼米文化。

四、水空间设计

水系空间在现状土地肌理的基础上,布置浮岛、漫水岛、湖心岛、沙洲、湿地洲、水草岛、山地岛、连续串岛、长岛、半岛等多种岛屿形式,并相互组合形成了空间丰富、景观层次丰富、植被生境丰富的水环境系列,为潘安湖湿地的多元性和丰富性、历史文化内容提供了空间载体。

五、建构木本湿地特色,并结合挺水湿地、沉水植物湿地,构建多元湿地类型

湿地公园生物的多样性,包括动植物各种类型的生物物种多样性、生境多样性和基因多样性。植物多样性,是生态系统的基本元素之一,也是景观视觉的重要元素之一,因此,植物的配置设计是湿地系统景观设计的重要一环。在植物的配置方面,一是保证植物种类的多样性,二是尽量采用黄淮区域本地植物,兼顾华东地区木樨科、蔷薇科石楠属景观植物。多种类植物的搭配,不仅在视觉效果上相互衬托,形成丰富而又错落有致的效果,对水体污染物处理的功能也能够互相补充,有利于实现生态系统完全或半完全(配以必要的人工管理)自我循环。

植物的配置设计,从层次上考虑,有水杉池杉类植物、阔叶落叶植物、色叶落叶植物、挺水植物、浮叶植物。从功能上考虑,采用发达茎叶类植物,以利于阻挡水流、沉降泥沙,发达根系类植物既能保持湿地系统的生态完整性,带来良好的生态效果,又产生一种生态美。

■ 图6 生态保育区实景(一)
■ 图7 生态保育区实景(二)
■ 图8 驳岸环境设计

图6

图7

六、岸边驳岸活性桩基设计和浅滩生态过渡区的建立

岸边环境是湿地系统与其他环境的过渡地带，也是边缘生态活跃区。岸线避免采用混凝土砌筑的方式，防止破坏湿地对自然环境所起的过滤作用。整体岸线采用多种植物活性桩基，湿地基质用土壤沙砾代替人工砌筑，建立一个水与岸自然过渡的区域——宽阔的、平缓过渡的水生生态区域可使水面与岸呈现一种生态的交接，既能加强湿地的自然调节功能，又能为鸟类、两栖爬行类动物提供生活环境，还能充分利用湿地的渗透及过滤作用，从而产生良好的生态效益。并且从视觉效果上来说，这种过渡区域能带来一种丰富、自然、和谐又富有生机的景观。

图8

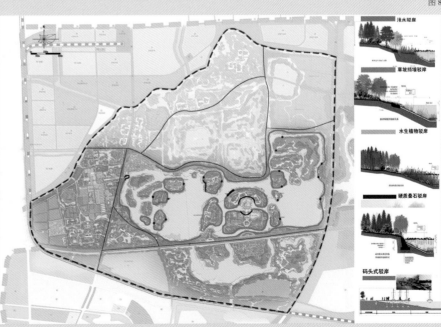

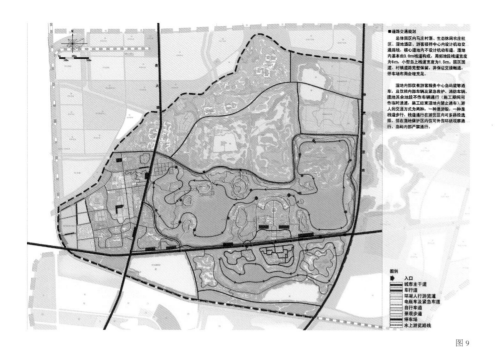

■道路交通规划
总体园区内马庄村落、生态休闲农庄杜庄区、湿地酒店、游客接待中心内设计机动交通路线。核心湿地内不设计机动车道，湿地内基本由3.0m线道构成，局部地段栈道宽度为6m，小型岛上线道宽度为1.5m。园区园道、村镇道路完整保留，并保证交接畅通，停车场布局合理充足。

湿地内部仅有游客服务中心岛屿能等通车，且仅供内部车辆及紧急救护、消防车辆、湿地其余地段不作车辆通行（施工期间可作临时通道），施工结束湿地内禁止通车）。游人的交通方式为两种，一种是游船，一种是栈道步行，栈道通行在游览区内可多路径选择，但在湿地保护区位可外围环线观察通行，岛屿内部严禁通行。

图例
■入口
▬▬城市主干道
▬▬车行道
▬▬环湖人行游览道
▬▬电瓶车及紧急车道
▬▬自行车道
▬▬景观步道
▬▬停车场
▬▬水上游览路线

图9

图11

七、道路交通多循环贯通、水陆并进互通

建立以310国道为核心的湿地交通干道体系，并沿310国道建设封闭管理的大型生态停车场，310国道上沿途规划设置7个约2240辆停车位。马庄1000辆，湿地酒店500辆。路边扩充的停车估计容量为3500辆。湿地公园周边总的停车容量估计达到6800辆之多，按2.5~3个小时的周转率计算，每天估计能够接纳开车游览人数可达2.7万人左右。园区内基本不设日常机动车道通行，但可保证内部车辆及紧急救护、消防车辆的通行。

游人有栈道步行和游船两种游览方式。栈道通行在游览区内可多路径选择，但在湿地保护区内可外围环绕观察通行。每一个可供游览的岛上都设计了质朴生态的简单码头和到码头的栈道，主岛码头前设置了休息长廊及开阔的木质广场，这里是游船最大的出发点，站在码头远眺，潘安湖湿地风光尽收眼底。

潘安湖湿地公园形成了两条主游览路径，一条为生态自然考察路线，沿途主要观察湿地植被、观察鸟类和收集植被标本以及拍摄植物风景照片；另一条则通过湿地体验徐州历史文化和徐州的民俗活动，通过民俗博物馆、湿地游览区内的历史景点展现深厚、丰富的徐州人文。

图10

图12

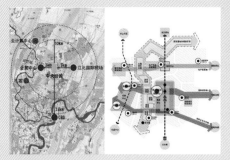

图1

■ 图1 大区域结构图
■ 图2 雕塑园
■ 图3 桂花山茶园
■ 图4 儿童游戏场
■ 图5 龙湾竹园
■ 图6 总平面图
■ 图7 空间结构图

一、项目概况

重庆中央公园选址于重庆市两江新区国际中心区的核心区,西距重庆国际会展中心约3km,东距重庆江北国际机场约5km,南距江北嘴CBD中央商务区约15km,区位条件优越。

公园南北长度2400m,东西最宽770m,最窄600m,占地面积1.53km²。项目投资估算约为19.2亿元人民币。

二、创新与特色

中央公园规划定位为面向国际、充分展现重庆市作为国家中心城市形象的现代城市地标,是重庆市的大型城市综合公园。

重庆中央公园的特色定位主要概括为以下三个方面。

(一)中国文化

公园以中国文化为内涵,在总体布局、山水结构、景观空间、功能分区、植物配置、建筑、雕塑等方面充分体现中国传统文化和现代文化特征。

(二)重庆特质

公园"因地制宜,巧于因借",在充分利用重庆山地地形的基础上,突出重庆地域景观,包括专题园、乡土树种、地方材料的应用,巴渝文化以各种形式在园中体现。

(三)生态环境

公园以塑造完善的生态环境为主导,全园植物选择适生品种,复层种植,林相丰富,并构建生物多样性体系,形成科学的生态群落系统。

公园规划设计依托山城地形特色,以欢庆、开放、生态、文化、科技为主题,融合中西方及本土多元文化,景观空间大气、开敞,是体现自然和谐之美的现代城市公园。

04

重庆中央公园景观工程设计

设计单位: 中国城市规划设计研究院
北京北林地景园林规划设计院有限责任公司
项目负责人: 朱子瑜、韩炳越、赵锋
主要设计人员: 叶丹、马浩然、任尧、蒋莹、牛铜钢
参加人员: 黄明金、许天馨、吴雯、郝硕、王清兆、石丽平、刘框拯

图2

图3

图4

图5

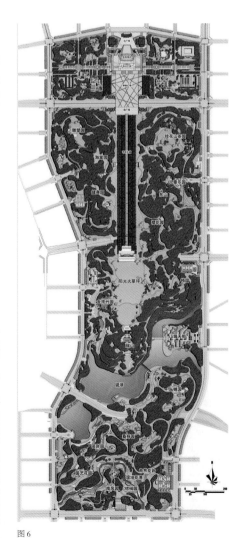

图6

图7

三、空间布局

依据地形走势和功能布局要求,公园形成"四区、一带"的结构布局,分别是中央广场区、景园水湾区、景园山林区、生态休闲区、节庆大道带。依托现状自然山水架构,公园总体空间结构形成山环湾抱、山水相依的空间格局。多条虚实轴线相互呼应,控制全园。

(一)中央广场区

中央广场区总面积 30hm²,以中心广场和南广场为环境依托,营造大气的节日庆典、集散空间。多条放射形道路与中央广场联系,以迅速集散人流。广场北侧为大型表演喷泉和生态绿台。广场两侧以银杏、香樟列植,烘托气氛,并形成林下休息空间。

(二)节庆大道

总面积 18hm²,以中轴的节庆大道为主体,营造大气的节日庆典、集体活动、花车游行空间。沿节庆大道设计以时间为线索的重庆历史发展轴。结合铺装,每隔 50m 镶嵌史记铜,记录重庆历史发展中的大事。两侧为 40m 宽银杏、香樟林荫树阵,形成强烈的轴线景观大道。

(三)景园水湾区

总面积 22hm²,以疏林草地与龙湾水景为主导景观,营造丰富的供市民游赏、运动、演出、休闲的景观空间。多个入口与之联系,并与节庆大道带互动。临公园西路规划有 3 个街头游园和乐园,以较多群众活动场地为特色;谐稚园以儿童活动为特色;风竹园以竹子景观为特色。

图8

图9

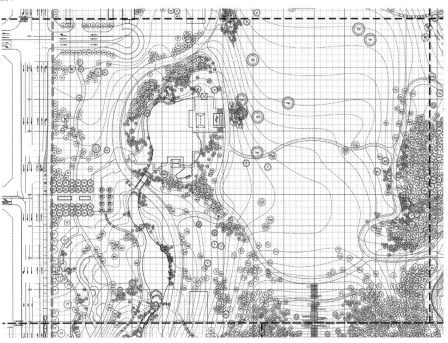

图10

（四）景园山林区

总面积 30hm²，以功能园区为主体，以开放大草坪与山体密林为主导景观，营造满足游戏、休闲、运动、演出、展览、科普等需求的景观空间。东入口与之联系，并与节庆大道带互动。临公园东路规划有 3 个街头游园，山韵园以观赏公园自然山脉为特色，水荷园以荷花池为特色，重葛园以大黄葛树为特色。

（五）生态休闲区

总面积 53hm²，设计维持现状山骨架不变，由山谷蓄水而成镜湖，宛若镜面映照蓝天，形成一镜衔天的景观。以镜湖与自然山体风景为主导景观，梳理植被，营造自然生态园地；增加功能场地，满足市民游园、休闲、运动、科普等活动需要。

四、交通系统规划

公园内设环形主路，长约 5km，宽 7m，坡度为 3%~8%，串联公园各景区，并作为健身慢跑路线和自行车路。因主环路南北较长，在东西之间设计有 3 条 6m 路相连，并连接主入口，形成 3 个可独立成环的主路系统。园内各主要出入口设计停车场，停车场以地下停车为主，共设地下停车位 2633 个。

（一）过境道路

为了加强城市中心区的交通联系，中央公园内规划 3 条东西向城市道路。兰桂路和腾芳路采取路堑和隧道相结合的方式，保证中央公园景观的连续性和完整性；同茂大道局部下穿。

（二）园内道路

公园内设 7m 宽环形主路，长约 5km，坡度为 3%~8%，串联公园各景区，并作为健身慢跑路线和自行车路。东西之间由 3 条 6m 路相连，并

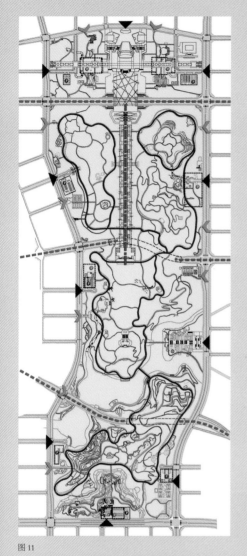

图11

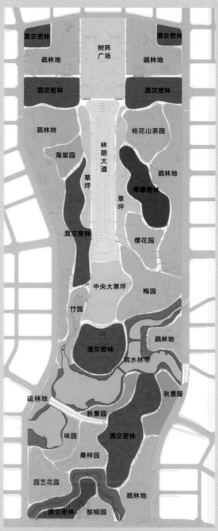

图12

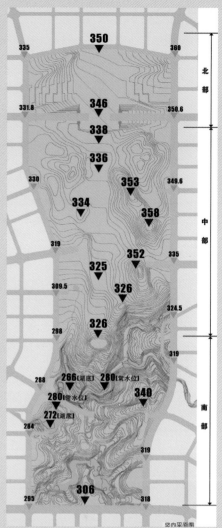

图13

连接主入口,形成可独立成环的主路系统。公园3~4m支路和1.5~2.4m小路与主路有机结合,形成网状系统。

(三)出入口

公园共设主要出入口10处,均设停车场。另设多处次出入口,与城市支路相对,满足周边居民便捷入园需要,入口夜间锁闭。

五、地形及山水骨架

因于城市建设平场需要和城市大型集会广场需要,对公园地形进行适当调整,尤以同茂大道南北两侧调整较大。地形调整后,全园地形以平坦广场披地缓丘为主,全园土方基本达到平衡。地形自然,丘峦起伏,山秀而谷媚,屡步其中可得世外桃源之趣。

中央公园之理水结合场地环境,因地制宜,顺势而为。公园由北至南设计形成3种类型的水景空间。北部配合中央广场的造园意向,建设规则大气的"广场水景";中部根据自然起伏的地形条件,形成韵律丰富的"自然水景";南部结合现状场地的湿地水塘,设计为"湿地水景"。

六、植物景观规划

公园植物配置以重庆市民喜爱的银杏、香樟、桂花、黄葛树、法桐、大叶女贞等骨干大树为主体,结合疏林、密林、草坪等,营造丰富的植物景观。依据场地现状及功能需求,在尽可能保留现有林木的情况下,运用多种植物景观类型,营造丰富的空间氛围。主要的植被景观类型有常绿密林、混交密林、秋景林、疏林地、树阵、草坪、专类园、水生湿生植物等。全园植物景观结构可概括为:中轴大树统领气势,开阔草坪舒展空间,山体密林构建骨架,外围疏林融合城市,疏林草地奠定底景,专类花园绿中点彩。

新疆昌吉滨湖河中央公园景观设计

05

设计单位：上海市园林设计研究总院有限公司
合作单位：新疆通艺市政规划设计院（有限公司）
项目负责人：朱祥明、任梦非
主要设计人员：许曼、张敏、潘鸣婷、田海涛、王晓霞、陈彦楠
参加人员：张毅、潘其昌、祁佳莹、陈琼、郑志龙、曹帅、张坤、刘琼、费宗利、黄忆华、
胡璇、陆健、李雯、高嵩、周乐燕

■ 图1 鸟瞰雪景
■ 图2 滨水景观特征分析
■ 图3 新疆昌吉市滨湖河中央公园总体平面图
■ 图4 新疆昌吉市滨湖河中央公园总体鸟瞰图

一、项目概况

昌吉滨湖河中央公园位于新疆昌吉市行政中心南面，总面积为 49.75hm²。场地整体平整，呈现东北高西南低的大趋势，南北最大高差达 6.4m。该项目是昌吉市滨湖河景观带绿地体系中的重要核心绿地，更是昌吉市重要的绿色生态核心。由于新疆昌吉地区的环境气候、土壤植被、风土人情、历史文化有着鲜明的特点，与我国沿海及中部地区存在着很大的差异。因此，设计方在该项目的设计、施工配合等工作实践中总结了景观湖储水防渗设计措施、差异化绿化种植设计手法、地域性材料运用等创新设计，为我国西北地区大型公共绿地的建设提供了一个很好的示范、实践案例。

二、设计思路及理念

新疆昌吉市滨湖河中央公园因地制宜，紧紧围绕着"市政、市民"两大核心，结合公园周边不同地块的用地性质，从景观、文化、休闲、健身四个方面展开设计。

（一）昌吉之"心"

昌吉市是新疆西部大开发战略率先发展的重要

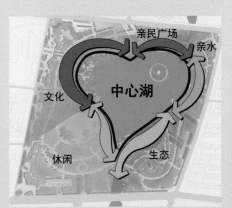

图2

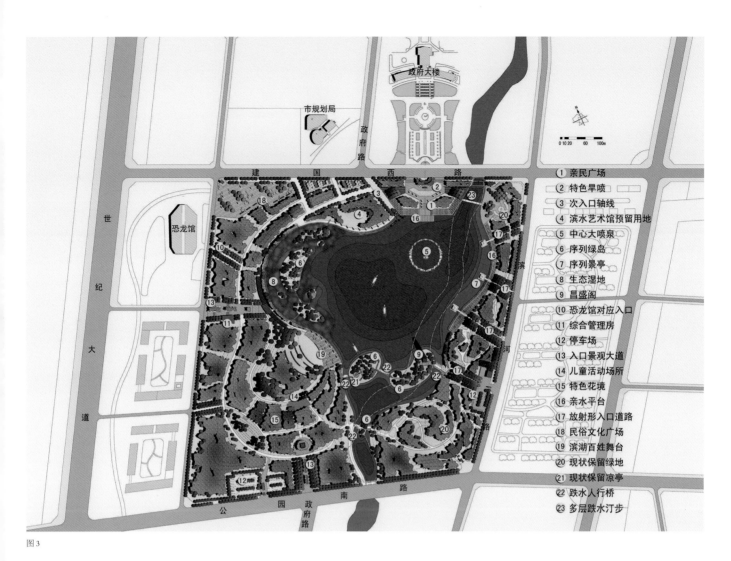

图3

1. 亲民广场
2. 特色旱喷
3. 次入口轴线
4. 滨水艺术馆预留用地
5. 中心大喷泉
6. 序列绿岛
7. 序列景亭
8. 生态湿地
9. 昌盛阁
10. 恐龙馆对应入口
11. 综合管理房
12. 停车场
13. 入口景观大道
14. 儿童活动场所
15. 特色花境
16. 亲水平台
17. 放射形入口道路
18. 民俗文化广场
19. 滨湖百姓舞台
20. 现状保留绿地
21. 现状保留凉亭
22. 跌水人行桥
23. 多层跌水汀步

图4

图 5

图 8

图 9

■ 图 5 中心湖休憩凉亭景观
■ 图 6 中心湖夜景
■ 图 7 中心湖日景
■ 图 8 冬季中心湖雪景
■ 图 9 入口广场建成后实景

城市,其城市建设发展定位为"花儿之乡、特变昌吉"。建成后的中央公园成为昌吉市新城区城市建设发展的一个成果,更是城市生态文明的"绿色心脏"。

(二)水舞之"珠"

新疆地区缺水,而水在昌吉市民心中有着重要的地位。建成后的公园中央出现了一个面积达 15 万 m² 的中央湖面,湖面中心有一组大型组合喷泉,喷泉中心有高达数十米的景观水柱。夜间,绿地与水景结合绿地灯光与水景灯光交相呼应,塑造了一个现代景观城市公园。

(三)文化之"眼"

新疆地区具有悠久的历史文化,各民族传统文化在此交融、汇合。规划设计既结合昌吉地方文化特色,又顾及现代城市的景观特点,运用文化情景雕塑、文化景观墙等手法多样的设计元素,打造昌吉地区景观独特、特色鲜明的文化公园。

三、项目创新

该项目于 2012 年 10 月竣工建成后,迅速成为昌吉市的一张"绿色城市名片",项目的设计理念、活动项目设置为当地政府提供了一个公共绿地建设新思路,为其后建成的乌苏市、奇台县、博乐市 3 个城市的公共绿地建设提供了一定的借鉴作用。

图 6

图 7

（一）新疆地区大型景观湖储水防渗技术措施

采取两布一膜与纳基膨润土防水毯相结合的湖底做法。

中央公园的设计结合建设地的环境气候、地理特点，提出了符合西北地区大面积水系储水、防渗的技术方案，即采用两布一膜与纳基膨润土防水毯相结合铺设的技术措施。选择优质产品，严控施工质量，加强检测，以达到更好的防水效果。经过各方精心组织、设计、施工、养护，项目竣工近3年后，景观湖储水、防渗效果良好，为整个项目的成功奠定了最重要的基础保证。同时，也为我国西北地区大型公共绿地建设积累了一些宝贵的实践经验。

图 10

图 11

■ 图 10 建成后绿化实景
■ 图 11 绿化种植设计平面图
■ 图 12 水系跌落处花坛实景
■ 图 13 植物实景（一）
■ 图 14 植物实景（二）
■ 图 15 植物实景（三）
■ 图 16 植物实景（四）

图 12

图 13

图 14

图 15

图 16

（二）差异化绿化种植设计方法

由于昌吉地区存在缺水严重、蒸发量大的环境气候特点，同时为了营造风格各异的绿化植物景观，对该项目的绿化设计进行了差异化绿化种植设计，即，通过种植同一树种、不同规格，形成稳定的植物群落。这样，既弥补了昌吉地区大树苗源缺乏问题，又有效地降低了工程造价，在景观效益和经济效益两方面都取得了较好的效果。

（三）地域性材料的运用

园林小品、地面铺装设计上，选择新疆当地产的石材、木材作为主要的园林小品和地面铺装材料，如，"天山红"花岗石，其单价合理，铺设效果尚佳。铺装形式采用"回"字文图案，既增强了地面防滑功能，又体现了当地文化特色；西部红柏（亦称"红雪松"）天然防腐木材，其自然属性比较符合昌吉地区自然气候条件，使用寿命达 5 ～ 8 年。在造价控制和乡土材料运用上，得到了双赢的效果。

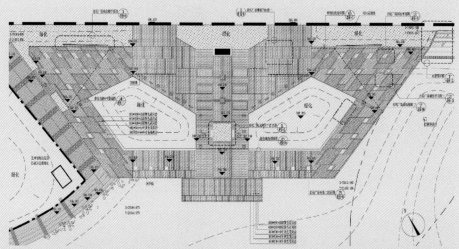
图 17

图 18

图 20

图 19

■ 图 17 入口广场铺装平面设计图
■ 图 18 主入口广场旱喷
■ 图 19 中心湖休憩凉亭
■ 图 20 冬季冰雕园
■ 图 21 "蚂蚁上树"情景雕塑
■ 图 22 中心湖喷泉景观
■ 图 23 储水防渗构造图
■ 图 24 专利证书

图 21

图 22

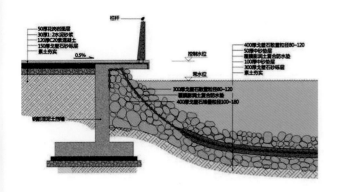

50厚花岗岩面层
30厚1:2水泥砂浆
120厚C20素混凝土
150厚戈壁石砾垫层
素土夯实

栏杆

控制水位
0.5%

常水位

400厚戈壁石敷置粒径80~120
50厚中砂垫层
覆膜膨润土复合防水垫
100厚中砂垫层
300厚戈壁石砾垫层
素土夯实

300厚戈壁石敷置粒径80~120
覆膜膨润土复合防水垫
400厚戈壁石墙敷置粒径100~180

钢筋混凝土挡墙

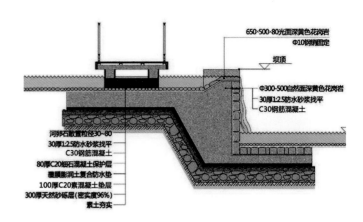

650·500·80光面深黄色花岗岩
Φ10钢销固定

坝顶

Φ300~500自然面深黄色花岗岩
30厚1:2.5防水砂浆找平
C30钢筋混凝土

河卵石散置粒径30~80
30厚1:2.5防水砂浆找平
C30钢筋混凝土
80厚C20细石混凝土保护层
覆膜膨润土复合防水垫
100厚C20素混凝土垫层
300厚天然砂砾层(密实度96%)
素土夯实

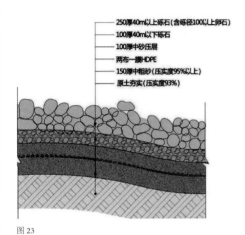

250厚40ml以上砾石(含砾径100以上卵石)
100厚40ml以下砾石
100厚中砂压层
两布一膜HDPE
150厚中粗砂(压实度95%以上)
原土夯实(压实度93%)

图23

（四）地域文化的融入

1. 特色广场

昌吉是以回族、汉族为主要民族的聚集地，百姓日常活动与江南地区有着较大的差别。因此，设计结合当地百姓喜好及需求，辟大面积广场，设置夜景灯光、特色组合旱喷泉，为居民提供了一处可赏、可游、可玩、可互动参与的公共绿地。

2. 冬季项目的设置

昌吉市一年中有 4～5 个月为冰冻期。进入冰冻期后，湖心区的水体结冰后，在上面可开展北方百姓喜爱的溜冰、冰滑梯、冰滑车等冬季市民健身运动项目，同时在宽广区域设置大型冰雕园。冰上活动项目开展后，喜获百姓好评，此创新点充分突出项目所处的北方地域环境的绿地设施使用特点。

3. 文化情景雕塑

设计方在一片草坪中设置了一系列情景小雕塑，如"蚂蚁上树"雕塑，"恐龙桥、恐龙蛋"雕塑，"十二生肖"雕塑。这些雕塑既增强了绿地的趣味性，又使游客可以近距离地观赏、触摸，游玩的参与性更强了。

图24

本项目通过对相关技术的总结，申请了实用新型专利，并得到了较好的应用。

06

新疆拜城县喀普斯浪河东岸滨河景观设计

设计单位：中国城市建设研究院有限公司
项目负责人：李金路、王玉洁
主要设计人员：王作鹏、郭倩、朱婕妤、曹炳轩、董音、裴文洋
参加人员：陈锦程、张昕、陈忱、曹金清

图 1

一、项目概况

拜城位于新疆阿克苏地区，是西域三十六国之一——古龟兹国的所在地，是古丝绸之路上的明珠，也是东西方文化的交汇地。拜城水资源丰富，县城西部的喀普斯浪河是拜城县内流量最大、离市区最近、最重要的河流。政府将喀河城区段的河滨绿地作为生态城建设的起步工程。

该地块设计范围位于喀普斯浪河北侧荒滩地之上，新修建的防洪堤作为滨河绿地与喀普斯浪河南侧边界，绿地北侧紧邻城市建设用地，总长 7.5km，宽度 180~350m，总面积约 120hm²。

整个带状公园设计从北到南划分为滨水游憩区、商业娱乐区、田园风光区、休闲度假区四个功能区。上游的公园一期建成段（滨水游憩区和商业娱乐区）绿带平均宽 200m，长 3000m，约 60hm²。整个项目从 2012 年 6 月起施工，到 2013 年 9 月竣工，竣工决算约 3 亿元。

二、设计思路与特色

（一）历史文化传承、积淀与创新并重

将一个新疆天山脚下偏远小县城的自然和文化

资源进行挖掘和梳理，保存拜城丰厚记忆，体现城市时代精神。对历史、宗教、民族进行文化创意，将龟兹文化淋漓尽致地体现，把乱石滩建设成拜城的名片。

（二）扎根拜城，表现人民

不抄袭发达国家，不模仿东部城市，不搞概念化设计。尽力表达当地各民族居民的生活理想，而不是设计者的个人感受。以龟兹文化为主线，从古代丝绸之路上的克孜尔千佛洞的优美壁画中吸取设计灵感。根据公园绿地不同的功能要求，融入"工业、商旅、乐舞、农耕、佛教、艺术"等多元文化要素和符号，用廊、桥、亭、榭充分体现拜城的地方、民族、产业、文化、时代特色，使之成为县城的靓丽标志。

（三）整合一条主线，设置多种功能

"一带相承显文脉，多彩绚丽尽风情"，将带状的喀普斯浪河滨河公园设计成古丝路与新丝路交织的纽带。营建可持续利用的风景水系，形成滨河风景的生态示范区、传承城市文化精神的黄金旅游线、拓展市民游憩空间的滨河休憩带、树立城市文明形象的对外展示园，使之成为拜城舞动着的文化之魂。

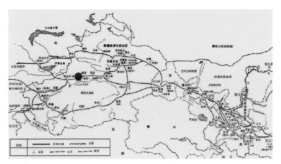

图 2

图 4

图 3

■ 图 1 拜城喀河公园鸟瞰图
■ 图 2 拜城在丝绸之路的位置
■ 图 3 水系原状
■ 图 4 从克孜尔千佛洞壁画中汲取设计元素
■ 图 5 儿童戏水

图 5

三、设计创新

激活拜城的丝绸之路文化遗产潜在价值，形成新丝路亮点。拜城的文化源起于古代丝绸之路，多元文化兼收并蓄、碰撞与交流，才形成独特奇异的龟兹文化，包括佛教文化（西域佛教中心）、龟兹乐舞（隋唐鼎盛）、绘画雕刻艺术（文字、壁画、石窟雕塑等）、商旅文化等。多民族文化的交汇与融合谱写出和谐文化的乐章。

图 7

图 6

■ 图 6 绿意盎然
■ 图 7 拱桥映波
■ 图 8 叠水长虹

图 8

图 9

图 10

图 11

图 12

体现文明、文化、民族多样性，用多样性应对单一性，用和谐应对极端化。拜城人口 22 万，85% 以上是少数民族，各民族必须团结才能发展，各种文化、宗教必须相互学习才能进步。公园设计强化各民族、各文化的融合；突出多民族特色，又不局限于某一族群；用多样性应对单一性，用和谐应对极端化。

■ 图 9 工业之门（体现拜城工业）　　■ 图 12 光影长廊
■ 图 10 动力管廊（创意源于输油管道）　■ 图 13 彩陶叠水
■ 图 11 流光溢彩

图 13

图 14

四、景观营造

整个公园带以清透灵韵的水系为风景的核心，利用滨河公园的高差，结合公园的功能分区，水系自流而下，营造溪流、湖面、瀑布、叠水、池塘、湿地等丰富的水景观。将静水、动水等多重水形式融入河、溪、潭、岛、池等多层水空间，设计戏水、亲水、近水、望水等多样亲水活动，形成戈壁荒

图 15

■ 图 14 民族特色红廊
■ 图 15 瀑布水台
■ 图 16 汀步叠水

图 16

漠中的湖光倒影、跌水瀑布。结合历史文化，使游人寓教于游、寓教于乐，得到文化与环境带来的双重享受。

生态景观相结合，水资源可持续利用。将水体与原有树木结合，使单一树木群落变成春华秋实中的流光溢彩。夕阳西下，层林尽染；光影如诗，碧水如画。

坚持生态保护与生态修复相结合的原则，建立以本地适生植物为主的植物群落。恢复、利用原有的自然水系、湿地和植被，形成水库—河流—湿地—绿地构成的复合生态系统，培育鸟类栖息地，成为引领县城生态环境改善的生态带。

从上游引入的水系在蜿蜒曲折几公里后又流出喀普斯浪河公园，仍可满足下游农田灌溉，最后重新回到喀普斯浪河主河道中，一滴水也不浪费。

图17

图18

图19

■ 图 17 亭、桥相望
■ 图 18 民族特色折桥
■ 图 19 霁蓝洒金
■ 图 20 日月天光

图 20

图1

图2

一、历史背景

智家堡露天垃圾场从 2003 年到 2007 年期间接收大同市城区环卫处收集的生活垃圾和建筑垃圾。在关闭垃圾场前,这里存量垃圾总量 100 万吨,其中生活垃圾 45 万吨、工业废弃物 5 万吨、建筑垃圾 50 万吨。

随着城市化建设的加快,城市逐步向乡村延伸,原建于近郊区的智家堡垃圾场也转入城市建设的范围。大同市为进一步提升城市形象,争创国家卫生城市,同时实现城市绿地的合理配置,启动智家堡露天垃圾场生态修复与景观重建工程。

二、项目概况

智家堡公园项目于 2008 年启动,2009 年初开始筹建,2010 年 9 月底竣工。项目位于山西省大同市老城区南部,用地南临规划中的青年路,北接开源东街,东起御河南路,西至规划中的支路。西南角为已建中水处理厂,东南角为立交桥。公园占地面积约 30hm²,总投资约 7500 万元。智家堡公园的建设是大同市城市综合治理、生态恢复的示范工程。

景观恢复之前,垃圾场有着陡峭的斜坡,场地被分为高差 15m 的两个地块,垃圾暴露着,和城市景观形成鲜明的对比。景观重建设计中,结合场地地形高差,对原有垃圾进行了分层填埋和导气防渗处理,并利用填埋垃圾取得的土方进行堆坡造形,形成了公园的结构,以自然山水园为空间骨架,以展示人与自然相互融合为主题。

07

山西大同市智家堡公园设计

设计单位:北京北林地景园林规划设计院有限责任公司
项目负责人:叶丹
主要设计人员:应欣、张菲、李学伟、安画宇、任尧、赵铁楠、杨玉
参加人员:许天馨、杨雪阳、朱京山、刘桓拯

图3

三. 设计理念与构思

垃圾填埋场的改造，需要将景观重建与生态修复整合起来。景观设计过程中，做了充分的前期调研准备工作，尊重原有现状地形，遵循"自然栖息地＋公共活动空间＋生态循环"的总体规划定位，营建具有生物多样性的自然生态区，综合改造成集生态、娱乐、休闲为一体的公共空间、城市自然公园。不仅使生态环境有效改善，也能给周边居民带来经济效益。

景观设计将设计、艺术、科学、生态结合在一起，集合了多学科的技术力量(风景园林学、地质学、生态学等)，旨在使用一种科学有效的操作，来解决确定的三个问题，让这块土地获得新生——解决一个复杂的技术问题、创建一个新的公共空间、构建一个新的景观格局。

四. 景观设计要点

(一) 生态修复

1. 垃圾的处理与再利用

公园建设时对场地内100万t垃圾进行筛分处理，将产生的腐殖土用于场地土壤改良；将生活垃圾进行分区分层填埋、分层碾压，通过导气防渗等有效措施防止垃圾液污染地下水，防止产生过量沼气而产生安全隐患；将建筑垃圾破碎后碾压堆筑，通过堆坡造型，形成公园的基本山水骨架。整个工程场地内的土方运送与外运种植土壤一起分层设计，为公园提供适宜的种植介质和地形。建设中，有效控制了垃圾填埋场气体、渗滤液等对大气、水体及土壤的污染，

图4

图5

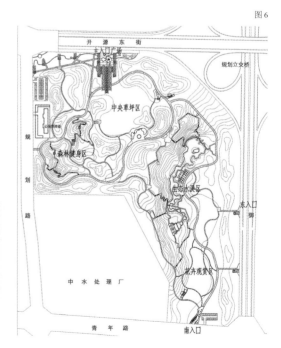

图6

图7

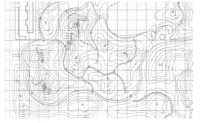

图8

图9

整个处理过程有效地改善了当地的生态环境。

2. 城市中水利用

在满足了浇灌用水水源的同时，形成景观水系，丰富了景观特色。

（二）地貌重塑及山水骨架

因场地空间结构及技术限制，景观设计结合场地台地高差，打造台地园特色，形成生态溪谷、森林健身园、中央草坪和花卉观赏几个不同的景观分区，丰富了公园的空间层次。

公园的地形地貌重塑、竖向设计与场地内垃圾填埋堆体的整形设计紧密结合，公园内山体最高点相对高程为9m，形成区域视线控制点。山前区域设计开阔草坪区，山后区域结合地形的起伏变化形成多个小空间，设计若干园中园，空间上，山前后开合对比。同时，外围地形配合复层背景林带遮挡西南部工业区。东侧以景观林带和经过处理的陡坎相互围合，形成林谷水溪，水源为中水处理厂处理过的中水。

（三）道路广场

公园交通条件十分便捷，根据公园与城市干道的关系，以及主要车流、人流进入方向，设置3个主要出入口。园路布局充分体现了实用功能和景观功能，同时结合地形地貌进行设计，充分考虑了游客的便捷需求。根据园内游览路线将园路分为三级，一级园路4.5m，是公园的基本道路骨架；二级园路3m；三级园路2m，公园一、二级道路均考虑无障碍设计。

路径的精心设计引导着游客在蜿蜒的栈道上欣赏风景，场地巧妙地设置在地形围和的小空间和大场景里。公园主入口广场位于公园北端，游客对公园的体验由此开始，从城市转向自然。最终方案调整成台地设计，既疏朗大气，满足游人活动需求；又引人入胜，引导游客步入公园，同时也消解了现场高差带来的压迫感。

由于场地的特殊性，为避免垃圾填埋引起不均匀沉降，道路广场基础都进行了加固处理。

（四）植物景观

在公园的种植设计中，对园区进行了合理的规划分区，营造不同的植物景观，共同构成公园的"植物大景观"。

在公园生活垃圾填埋区域，垃圾填埋堆体仍处于沉降稳定状态，且土壤条件相对贫瘠，不利于大型乔木的生长，种植设计主要以混播草地的培育和养护为主，林缘结合抗性较强的植物种植。在景观建设后期，根据休闲活动等功能发展的需要，在局部景观节点进行合理、适当的调整，既增强了植物景观观赏性，又丰富了生物多样性。

种植设计在植物品种的选择上，遵循"以乡土

■ 图7 垃圾填埋堆筑示意图　　■ 图11 生态水溪局部平面图
■ 图8 森林健身区局部平面图　■ 图12 中央大草坪种植平面图
■ 图9 木栈道一区平面图　　　■ 图13 生态水溪
■ 图10 主入口广场实景　　　■ 图14 中央大草坪

图10

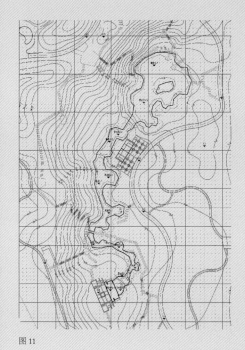

图11

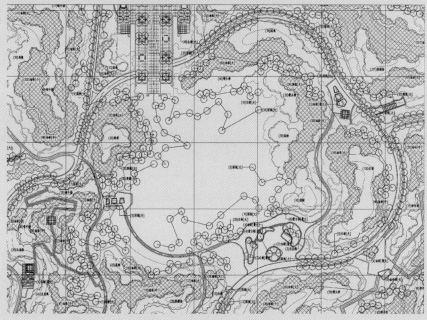

图12

树种为主,结合抗性强、生长快,以及水土保持、护坡固土作用强的树种"的原则,主要品种有油松、国槐、白蜡、新疆杨、漳河柳、山桃、山杏、连翘、丁香、水蜡等。

突出节约型园林建设原则,在设计、建设中,坚持贯彻植物种植分级管养区域划分的原则,细化分区设计,为降低运营养护成本提供了可能,获得了后期管理、使用部门的好评。

(五)覆土建筑

新建建筑采用生态覆土建筑形式,在不影响公园景观风貌的同时,利用生态环保设备,保证了在大市政条件不完善的情况下,公园先期开放的可能。

五、结语

林荫广场、溪泉跌水,动静相融;疏林草地、滨水栈道,景随影移;绿色长廊、花卉大道,错落有致;绿水绕林、青山环抱,姿态各异。在这里,美与生态相得益彰,人与自然和谐相处……智家堡公园的设计理念从解决问题开始,既满足场地的特殊性,又体现公园自身特色,在获得生态效益的同时也获得良好的社会效益,智家堡公园在设计中完成了华丽的转身,获得了新生。

图13

图14

図1

一、项目概况

库尔勒市地处欧亚大陆和新疆腹地,塔里木盆地东北边缘,北倚天山,南距"死亡之海"世界第二大沙漠——塔克拉玛干沙漠直线距离仅70km。源于博斯腾湖的孔雀河横穿库尔勒市区,河流冲积形成的平原是库尔勒城区主要的生活区域,流经城市后在下游浇灌农田,是库尔勒的母亲河。孔雀河在进入库尔勒市前分支出了杜鹃河、白鹭河,3条河道南北向穿过城市。

三河贯通棚户区改造一期工程位于库尔勒市杜鹃河至孔雀河人工打通的河道段,全长9.7km,规划总面积331hm²。

自古以来,逐水草而居就是人类选址定居的基本方式,库尔勒也是如此。从1949年到1978年,受地域特殊环境的影响,城市依孔雀河南北两岸而建,逐渐形成北岸老城区和南岸新城两个片区;1979年,库尔勒市正式成立,城市建设加快,孔雀河及其支流对城市空间形态和联系造成一定的分割和限制作用;20世纪90年代,库尔勒进入社会、经济、文化全面发展的时期,河流对城市空间形态的分割和限制作用越加突出;2011年,结合城市总体规划,提出了三河贯通工程,也就是对城市现状河流进行南北联通的水系工程。

二、设计理念

三河贯通工程是以城市现有水系(孔雀河、杜鹃河、白鹭河)为基础,将其南北贯通,形成全城循环的生态滨水景观带,将"以绿为底,以水为魂、

08

库尔勒市三河贯通棚户区改造一期工程

设计单位: 乌鲁木齐市园林设计研究院有限责任公司
项目负责人: 卫平
主要设计人员: 傅璐琳、付传静
主要参加人员: 王斌、陈化忠、董金花、高琳钦、昌超清、张谦、许兵、齐伟宏、杨青阁、陈波

图2

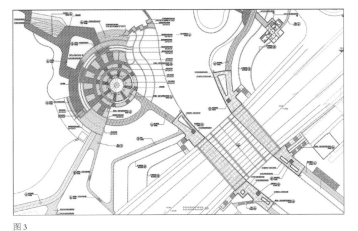

图3

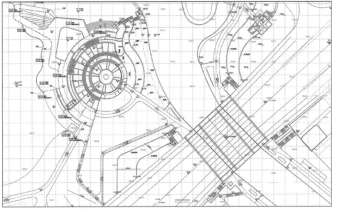

图4

筑绿色幸福之城"作为核心理念和建设目标，依托水景观的建设，完善城市功能，改善城市居住环境，丰富城市文化，推进城市旅游发展。围绕"生态、特色、宜居"的设计思想，将水、绿、城有机融合，形成独具地域特色的城市滨水景观带。项目是一个集滨河游憩、城市旅游、徒步健身、文化娱乐等多功能于一体，涉及城市规划、道路桥梁、水利工程、风景园林工程多专业的综合性滨水规划项目。

三、设计策略

(一)空间——以曲化的河道营造丰富的生态景观空间

在营造丰富的水景观空间方面，尽可能全部用曲化的河道，避免直线形。自然蜿蜒的河道和滨水地带为各种生物创造了适宜的生境，是生物多样性的景观基础。河流凹岸处可以提供生物繁殖的场所，为生物的生命延续创造条件，丰富多样的水际边缘效应是其他生态环境所无法替代的。

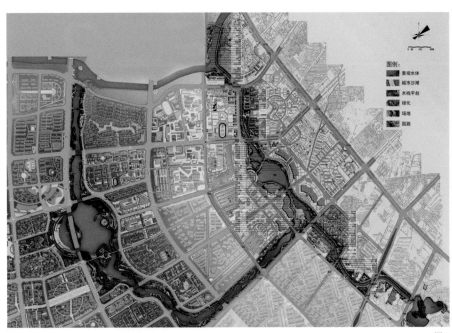

图5

(二)交通——以绿道为线索，衔接城市功能空间

项目提出，滨水景观一定要结合城市绿道网络进行建设。新疆较内地沿海城市发展滞后，库尔勒市是新疆绿道建设的先行军。三河贯通项目通过绿道的建设，串联了全城河网体系滨水步道，满足了人们对休闲健身娱乐的更高需求，形成了绕行全城30km的慢行步道及自行车骑行系统，拓展了市民及游客日常生活及旅游的出行方式，激活了整个城市的动态连通系统。

(三)设施——将功能与景观融为一体

三河贯通工程的桥梁是滨河空间和城市空间衔接联系的重要转换枢纽，同时，桥梁、水利和景观三者的密切联系保证了绿色通道的全城贯通。通过码头这一重要交通设施及旅游游览载体的设置，依托天鹅河河道，将城市中一些重要地标性景点及区域进行串联，形成长约10km的水上游览航程线路，船游库尔勒也成了一张城市的新名片，推动和促进了城市旅游的发展。

(四)绿化——特殊立地条件下因地制宜的绿化

在植物设计方面，针对城市特殊气候，种植大背景防风固沙林，改善城市总体生态环境，功在当今、利在千秋。项目区土壤以粉土、碎石土为主，养分稀缺，含水比率低，局部一些区域土壤盐碱含量高，非常不利于植被生长。项目对绿化的乔、灌、地被栽植区域均进行整体土壤改良，最终形成了处处见绿的滨水休闲空间。

图6

图7

图8

（五）文化——多样的表现手法塑造场所精神

库尔勒地域文化丰富，历史文化悠久，滨水休闲绿地在为市民提供优美共享空间的同时，也注重体现城市的文化印记，使人们能够直观地感受到这片土地上深厚的文化底蕴和内涵，提升城市文化品位。

四、建成效果

为使库尔勒的水资源效益最大化，城市中河流的贯通使城市生态环境大幅度改善，满足了市民的亲水需求，解决了城市发展建设中的脱节问题（棚户区及城中村改造），激活了城市的经济活力，实现人与自然的和谐相处，达到多赢的目的。

（一）打通生态廊道

通过项目建设，打通了城市的蓝脉与绿脉，使城市更加充满活力与生机，形成了覆盖全城的依水而生的生态廊道网络系统，河道平均宽30m，两侧绿地宽20~200m。绿脉和蓝脉提供着源源不断的养分，滋养着全城，改善了城市的生态环境，为城市总体环境的可持续发展奠定了基础。

（二）优化空间布局

使城市空间布局结构更加完善，形成了"三心、四轴、三组团"的总体布局结构，通过四条轴线连通城市三大组团中的三大核心，其中三河贯通水系景观带就是一条重要的空间发展联系轴。

图9

图10

图 11

图 12

图 13

■ 图 6 休憩空间与水生植物的结合
■ 图 7 香梨雕塑
■ 图 8 绿道体系建设
■ 图 9 百米跌水瀑布
■ 图 10 中心滨水广场
■ 图 11 曲化的河道
■ 图 12 景观桥梁
■ 图 13 荷花观赏区

(三)完善交通组织

在建设河道景观的同时,将城市原有道路系统进行优化,使水网与路网有机结合,优化城市交通组织。

(四)水资源保障

在水源方面,三河贯通工程通过"水平衡循环"的方式确保河道有水,在上游处将博斯腾湖分配到孔雀河和杜鹃河的水量进行调配,减少进入孔雀河水量,增加进入杜鹃河水量,使其在孔雀河下游重回到河道浇灌下游农田。

在干旱地区,水源是营造滨水景观的基础,库尔勒三河贯通项目创建了具有生命力、良性循环的水资源调配,既增加了城市中水循环绕行的距离和水景观的面积,也为市民创造了更多舒适优美的滨水休闲空间,对改善库尔勒城市区域生态环境、气候、湿度都起到了非常重要而深远的作用。

五、结语

项目的建设,启发了针对干旱半干旱地区通过地域特色、文化背景、城市生活打造具有可持续生长力的城市滨水公共休闲空间的思考,同时起到了促进和推动城市和谐发展的作用,从而使生态、经济、社会效益多赢。

图1

一、项目概况

第九届中国（北京）园林博览会"北京园"坐落于北京丰台区、永定河右岸的垃圾填埋场，博览会主旨为"化腐朽为神奇"。北京园为皇家园林风格，占地1.25hm²，北邻永定河，东临垃圾巨坑。

二、设计理念

1. 总结式展现皇家园林精髓，进而彰显北京园林的博大精深。
2. 注重意境与文化氛围的营造，以神驭形，形神兼备。
3. 强化植物造景，以及园林诸元素交融的整体景观，避免单一的古建形象与空间。

三、设计难点

1. 北京皇家园林众多，屡见不鲜，难出亮点。
2. 场地空旷荒凉，桥巨坑深，缺少安定温馨、留人驻足的氛围。
3. 北京园需统领周边景观，但建筑体量又不能过大。

四、设计思路

1. 项目力图做到"情理之中、意料之外"，对传统采用概括、提炼、联想的方法，不简单复制，不拘泥传统定式。关键把握"不怒而威"的气势、

09

第九届中国（北京）国际园林博览会"北京园"设计

设计单位：北京山水心源景观设计院有限公司
　　　　　北京华宇星园林古建设计所
项目负责人：夏成钢
主要设计人员：张鹏、黄圆、高莹莹、王峰、张玉晓、肖辉、李迪
参加人员：王曦萌、赵战国、蒋国强、马思齐、温艳青、姜光雷、赵春艳、张桂梅、侯文翰、赵敢闯

图2

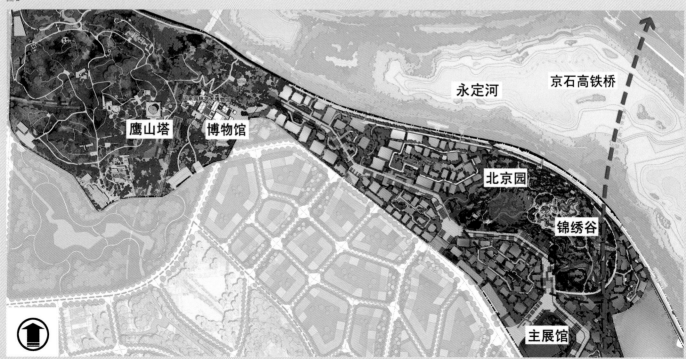

永定河　京石高铁桥

鹰山塔　博物馆

北京园

锦绣谷

主展馆

图 3

华而不俗的品位、深厚的文化内涵。

2. 总体立意为"万景之园",从三方面予以落实,即以轴线控制布局,以延展的次主题指导景观意境与细部,将轴线、主题辐射至园外过渡区,形成首尾呼应、富于诗意的系列空间。

3. 次主题参照了"十万图册"宫廷画模式,设"十万"景观,分别为万木松风、万景千园、万籁清音、万叶秋声、万泉润泽、万象昭辉、万朵云锦、万珠响玉、万树星光、万紫千红,分布于北京园及其外围过渡区。

图 4

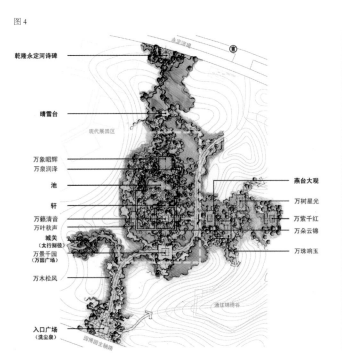

乾隆永定河诗碑
晴雪台
万象昭辉
万泉润泽
池
轩
万籁清音
万叶秋声
城关
(太行树径)
万景千园
(万园广场)
万木松风
入口广场
(洗尘泉)

燕台大观
万树星光
万紫千红
万朵云锦
万珠响玉

图 5

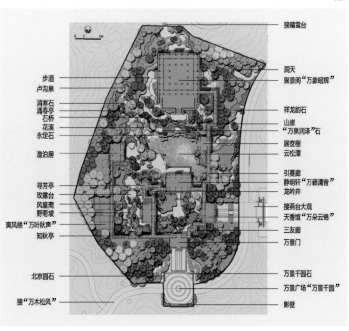

步道
卢沟泉
消寒石
涌春亭
石桥
花溪
永定石
濂泊居
寻芳亭
玫露台
风篁斋
野菊坡
爽风楼"万叶秋声"
知秋亭

北京园石
接"万木松风"

接晴雪台
洞天
聚景阁"万象昭辉"
祥龙韵石
山崖
"万泉润泽"石
展衣树
云松潭
引曼廊
静明轩"万籁清音"
龙吟井
接燕台大观
天香馆"万朵云锦"
三友廊
万景门
万景千园石
万景广场"万景千园"
影壁

五、地形改造

园址与垃圾坑整治统一考虑，将坑东铁路桥与"锦绣谷"视为北京新科技景观纳入借景。地形处理参照北京地理特点，形成藏风聚气的大环境。

六、布局

全园主体为3个庭院组合，融汇3类皇家园林模式，分别为幽雅的大内宫廷园、含蓄的皇家山地园、豪迈的城郊山水园。庭院沿南北、东西两轴线排布。

园区首先是正门前广场"万景千园"，富有礼仪性，采用圜丘纹样铺装，刻写自春秋战国以来北京出现的著名风景园林1434个，均有据可查。

经万景门进入第一院落"万籁清音"，汲取乾隆花园精髓，以湖石、松竹、白牡丹调控合院建筑的彰显与退隐，四面景观不同。院角辟出两小庭——"三友廊""龙吟井"，增加景深。

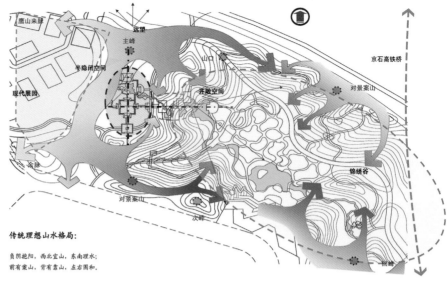

传统理想山水格局：
负阴抱阳，西北宜山，东南理水；
前有案山，背有靠山，左右围和。

图6

图7

二进院为皇家山地园模式，主景建筑依陡坡，为"外一层内二层"的山楼形式，强化山石蹬道景观，遍种秋色花树，景名"万叶秋声"。院墙设皇家镜门，扩大空间，篱笆竹门则是依据宫廷绘画的再创造。

第三进院为皇家山水园模式，园景融入背景山林，林下溪流涌入，源头为涌泉16个，刻写各区县名泉，汇聚院中为潭，景名"万泉润泽"，以纪念北京母亲河与水脉。

院中正面主景为巨石陡崖、苍松高阁，展现出富丽磅礴的气势。制高点聚景阁，尽收园外锦绣谷、永定河、鹰山大美景观，为全园景观高潮，景名"万象昭辉"。

园外过渡区景观，向东，通过东西横轴与锦绣谷4处跌落台地联系，分别是燕台大观、万珠响玉、万树星光、万紫千红，水源由北京园流出，一路随台叠落至谷底；向北，经南北纵轴透过晴雪台、御诗碑与永定河相联系；向南，正门广场经万木松风曲径与会场主路相通，使北京园自然而然成为周边标志性景观。

图 8

图 9

图 10

■ 图 6 北京园与巨坑锦绣谷的地形设计
■ 图 7 万景千园——正门礼仪入口
■ 图 8 皇家山水园——万象昭辉
■ 图 9 宫廷园——万籁清音
■ 图 10 山地园——万叶秋声

七、各园林要素

园林建筑集合了亭台楼阁等10余种皇家形式。以高低错落的院落东立面，结合主景建筑，成为锦绣谷的聚焦主景，以群体轮廓统领环境。

"聚景阁"是圆明园"茹古涵今"阁的提炼，全园古建彩画运用了两种皇家制式。

花木种植注重对各类建筑隐与显的控制。以传统山水画指导乔木，以花鸟画指导地被花卉的选择与种植。

山石与乔木地被紧密结合，苍古效果显著。用山石质地表达不同立意，如太湖石体现幽雅，房山石展示粗狂气势。

八、意境与文学表达

设计将文学表达作为一个独立系列来创作，在境界上体现儒家自强不息的入世精神，风格上体现俯视天下的恢宏气势，形制上继承皇家规制，类型上有园记图说碑、匾额、楹联、书条石、石刻、印章多种形式。

九、新技术运用

1. 管理运用二维码、水土测试仪与互联网技术进行监控，提供花木、古建彩画、奇石等相关信息。
2. 引入新优花卉品种与种植方式，强化园林意境。
3. 永定石上镌刻经纬坐标以供GPS定位，可在世界范围查寻北京园的信息。
4. 广泛运用雾喷、灯光，增加景观的丰富性。

十、本园特点

1. 从形神两方面对皇家园林进行了充分表现，特别是对皇家大气、精致特点的展示。
2. 各景观元素相互呼应，与场地浑然一体，仿若生长于此的老园。
3. 以意造景，文化表达恰到好处。
4. 与外围环境融为一体，成为统领地标式景观。
5. 采用新技术、新观念，尤其是新品花卉与特型乔木运用。

图 11

图 12

- ■ 图 11 山石与花卉地被
- ■ 图 12 祥龙韵石
- ■ 图 13 细部——体现皇家规制
- ■ 图 14 北京园总平面图（施工图）

图 13

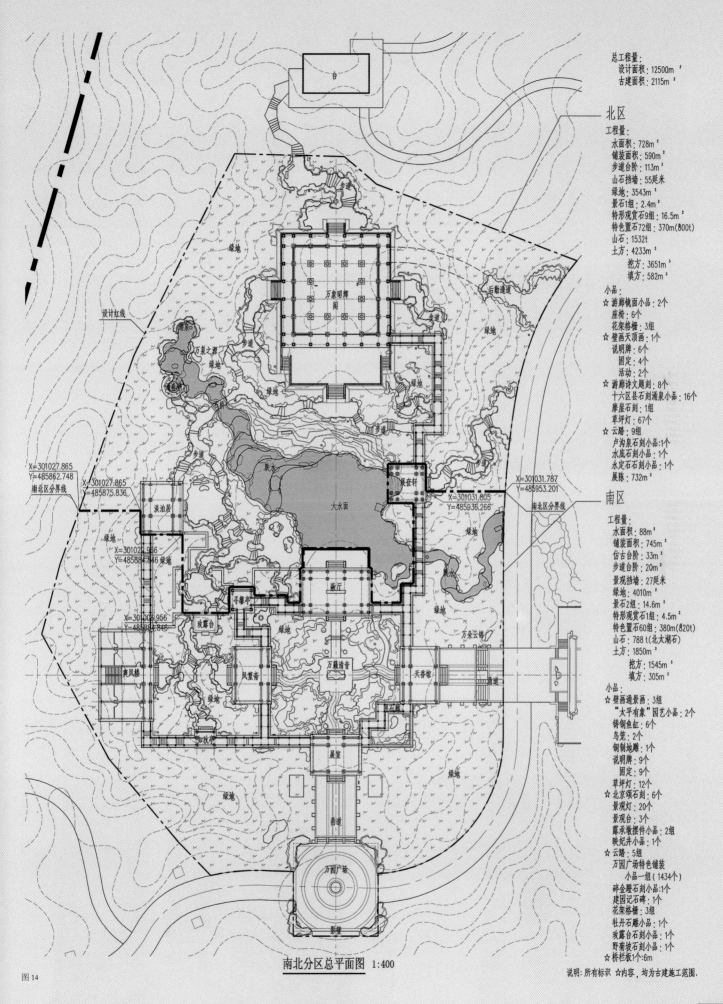

台

总工程量:
设计面积: 12500m²
古建面积: 2115m²

北区

工程量:
水面积: 728m²
铺装面积: 590m²
步道台阶: 113m²
山石挡墙: 55延米
绿地: 3543m²
景石组: 2.4m²
特形观赏石9组: 16.5m²
特色置石72组: 370m²(800t)
山石: 1532t
土方: 4233m²
  挖方: 3651m²
  填方: 582m³

小品:
☆游廊镜面小品: 2个
  座椅: 6个
  花架格栅: 3组
☆壁画天顶画: 1个
  说明牌: 6个
  固定: 4个
  活动: 2个
☆游廊诗文题刻: 8个
  十六区县石刻涌泉小品: 16个
  摩崖石刻: 1组
  草坪灯: 67个
☆云踏: 9组
  卢沟泉石刻小品: 1个
  水底石刻小品: 1个
  永定石刻小品: 1个
  展陈: 732m²

南区

工程量:
水面积: 88m²
铺装面积: 745m²
仿古台阶: 33m²
步道台阶: 20m²
景观挡墙: 27延米
绿地: 4010m²
景石2组: 14.6m²
特形观赏石1组: 4.5m²
特色置石60组: 380m²(820t)
山石: 788 t(北太湖石)
土方: 1850m²
  挖方: 1545m³
  填方: 305m³

小品:
☆壁画通景画: 3组
"太平有象"园艺小品: 2个
  铸铜鱼缸: 6个
  鸟笼: 2个
  铜制地雕: 1个
  说明牌: 9个
  固定: 9个
  草坪灯: 12个
☆北京颂石刻: 6个
  景观灯: 20个
  景观台: 3个
  露承敬摆件小品: 2组
  映妃井小品: 1个
☆云踏: 5组
  万园广场特色铺装
  小品一组(1434个)
  碎金雕石刻小品: 1个
  建园记石碑: 1个
  花架格栅: 3组
  牡丹石雕小品: 1个
  玫露台石刻小品: 1个
  野菊坡石刻小品: 1个
☆桥栏板1个: 6m

南北分区总平面图 1:400

图14

说明: 所有标识 ☆内容, 均为古建施工范围.

10

长白山市国家自然保护区 步行系统及休息点规划设计

设计单位：深圳市北林苑景观及建筑规划设计院有限公司
项目负责人：何昉、夏媛
主要设计人员：陈巍、胡炜、方拥生、王德敬、周亿勋、徐艳
参加人员：蒋华平、秦紫桐、李兵兵、李明、龚明、张忠伟、李勇

一、项目概况

长白山位于吉林省东南部地区，是中、朝两国界山，图们江、鸭绿江、松花江的三江发源地，因其主峰白头山多白色浮石与积雪而得名，素有"千年积雪为年松，直上人间第一峰"的美誉。一望无际的林海，以及栖息其间的珍禽异兽，使它于 1980 年被列入联合国国际生物圈自然保护网。2007 年，长白山景区经国家旅游局正式批准为国家 AAAAA 级旅游景区。本次规划范围包括长白山风景区北坡及西坡核心景区，以步行系统串联天池顶鹰嘴峰、"U"形山谷、地下森林和大峡谷等景点，全长约 20km，设计概算约 100 万元，竣工决算约 100 万元。

二、设计创新和设计目标

（一）将自然美景科学合理地展现给游客（以长白山的登山步道系统为例）

规划强调在自然保护区内做景观设计一定要尊重自然、保护自然。在详细调查资源的基础上进行设计，不露人工痕迹，利用自然，服从自然，将自然美景科学合理地展现给游客。追求设计的最高境界——虽由人做，宛自天成，无为而作乃真正大作。项目建成后，完善了长白山的游览体系，效果十分良好。

图1

■ 图 1 贵宾服务中心效果图（一）
■ 图 2 北坡门游客接待中心效果图
■ 图 3 贵宾服务中心效果图（二）
■ 图 4 登山步道（一）

图 2

图 3

图 4

图 5

（二）融入宗教理念（萨满教）自然崇拜的主体：火、山川、树木、雷雨

满族及其先人明代女真人始终将自己根植于长白山。长白山是满族的圣山，对长白山的崇拜，是满族及其先世的共同信仰。清朝的皇帝将长白山奉为神明，始终将长白山的山祭与祭祖融为一体。设计展示了这些自然主体的灵性和神秘感，突出火山、天池、万物有灵的精神力量。

（三）在生态优先的条件下较好地解决人的基本需求

规划目的是在环境生态容量范围内，为整个长白山旅游提供一处与核心景区最接近的中高档游客集散中心，从而将长白山旅游的游客接待服务水平提升到一个新的高度。设计的最终目标之一是协调好旅游开发与环境保护的关系，在这样一个以针阔混交林为本底的景观中，将建筑、人造景观以及人的活动最大限度地融入周围的环境。

三、设计定位——山还是那座山、林还是那片林

景观设计就地取材，利用本地植物营造天然景观环境，充分考虑总体规划，加强环境与建筑的对话和协调统一，即建筑是景观的建筑，景观是建筑的景观。在自然中稍加整理，设计后的长白山力求达到"山还是那座山，林还是那片林"的最高境界。最具代表的是长白山的步道系统。

四、设计实施

（一）登山和游览步道系统

风光秀丽的长白山是举世闻名的旅游胜地，每年都吸引着成千上万的游客来此观光旅游。游客们可以在此山地骑行、滑雪、泡温泉；可以三面登临山顶观天池胜景；还可以结伴漫步林

图 6

图 7

间栈道，探访原始木屋村落。这一切都归功于长白山良好的游览系统和登山步道系统。

长白山登山步道系统（含休息点和标识系统），完善了长白山游览系统。长白山北坡门区步道系统，主要为登山的游客提供休息、办理手续、换乘环保车辆的空间。设计将建筑的前广场和长白山的自然环境融合，将蔓延生长的树枝抽象成在丛林中穿行的木栈道，让游客一下车，走上木栈道就能感受长白山的气息，预先体验在丛林中穿行的感觉。

长白山的登山步道设计和施工遵循可持续发展原则，集健身和游览功能于一体。步道的路线犹如一条链绳，将沿途散落的自然风光像珍珠一样串连成一体。鹰嘴峰从北坡到天池，设计带着敬畏自然的心理，设计的登顶坡道仅仅做到可协助游人登山即可，适当照顾安全，不能

图 8

图 9

图10　　　　　　　　　　　　　　图11　　　　　　　　　　　　　　图12

粗暴干预峰顶自然面目。

（二）景观廊道和休息点规划设计

长白山滑坡景区廊桥和西坡休息点蓝景戴斯酒店的设计追求"虽由人作，宛自天开"的境界。为了体现长白山的地域特征，充分表达对大自然敬畏的态度及赞美与感激之情，建筑体现为

"从自然中长出来的建筑"和"在白桦林中消失的建筑"。以自然山形作为建筑语言，将大体量的建筑打散，弱化建筑体量和环境的反差，建筑不显突兀、高耸，而是作为地形的一部分掩埋于树林里，自然地出现在场地中。建筑材料就地取材——木材和石材，加强环境与建筑

图13

图14

■ 图10 登山步道(三)
■ 图11 登山步道(四)
■ 图12 登山步道(五)
■ 图13 绿渊潭
■ 图14 蓝景戴斯酒店的设计坚持了可持续发展理念，将原有的林工厂旧建筑改造为今天的度假酒店，使之成为长白山步道中重要的休闲空间
■ 图15 长白山温泉群栈道

的对话和协调统一。景观设计保护环境优势，强化环境特征。绝好的生态环境、丰富的森林资源等都是该基地的环境优势。成片的白桦林、特有的美人松、厚实的积雪、蜿蜒的溪流等都是该基地的环境特征，在建筑及景观设计中突出这些元素也就是突出这块土地的特质。

2014年，长白山以可持续发展为基本理念，以

保护生态环境为前提，以统筹人与自然和谐发展为准则，依托良好的生态自然环境和人文生态系统，获得了中国人与生物圈国家委员会颁布的"人与生物圈长白山生态奖"；并入选胡润百富发布的调研报告《2014年全球12月优选生态旅游目的地》，当选为9月优选生态旅游推荐地。

图15

2015

计成奖

二等奖

图1

一、项目概况

项目位于美丽的风景城市杭州。杭州西湖秀丽的风景、悠久的历史和众多的名胜古迹广受赞誉。但是作为泻湖的西湖面临的一个自然问题就是淤积,每隔一定的时间就必须进行疏浚。西湖千百年来依靠不断疏浚才有今日的美景,并因此积淀了悠久厚重的文化。历史上西湖疏浚的淤泥多堆积在湖中或湖的周围,形成了湖中三岛和白堤、苏堤、杨公堤等著名景点。1999年,西湖进行了一次大规模的疏浚,并在湖南面一处名为江洋畈的山谷修筑了大坝,通过管道将疏浚的淤泥输送到那里。淤泥库容积约100万 m³,最深达20多米,非常危险,栏杆将它与外界隔绝。10年过去了,良好的小气候条件使这个被人遗忘的地方发生了巨大的变化——泥浆中的颗粒逐渐沉淀,分离出来的水不断地通过管道排走,淤泥带来的植物种子迅速地萌发生长,成为一片茂盛的沼泽林地。这里的乔木主要是一些速生的耐水湿乡土植物,以柳属植物为主,还有杨树、枫杨、枸树等。另外还有一个常年有水的池塘和雨后间歇性淹水区,生长着大量的湿地和沼泽植物,如芦苇、香蒲、水芹菜等。由于不受人类干扰,这里栖息着各种昆虫、鸟类和小型哺乳动物,甚至还有野猪出没。

这种大自然的神奇造化引起了人们的注意和兴趣,政府提出在这里建造一座生态公园和一座博物馆。2007年,杭州江洋畈生态公园设计招标。2009～2010年,杭州江洋畈生态公园进行施工。2010年10月1日,江洋畈公园对外开放,获得广泛好评。

01

杭州江洋畈生态公园

设计单位: 北京多义景观规划设计事务所
项目负责人: 王向荣、林箐
主要设计人员: 阳春白雪、李洋、张铭然、季义力、肖起发、华锐、钟春炜
参与人员: 郭巍、李倞、匡纬、赵晶、孙帅、王思元、梁仕然、陈崇贤

图2

■ 图1 入口区平面图
■ 图2 栈道穿越花海,隐于树林
■ 图3 杭州江洋畈生态公园总平面图
■ 图4 野餐亭是游客休息和交往的场所

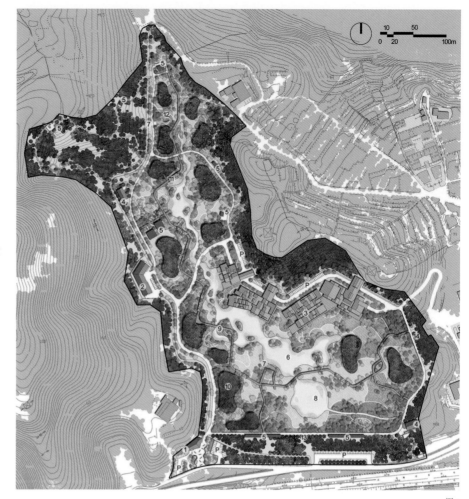

①	游客服务中心
②	管理用房
③	杭帮菜博物馆
④	卫生间
⑤	亭廊
⑥	湿地
⑦	木平台
⑧	保留水塘
⑨	木栈道
⑩	生境岛
⑪	休息廊架
⑫	搁浅船
⑬	主坝
⑭	副坝

图3

图4

二、设计定位

公园的设计充分尊重了江洋畈特有的场地特征。江洋畈实际上是一个人工湖泊的沼泽化过程。从最初的水面到水生植物萌发,再到耐湿乔木的生根发芽,直至今天的湿林沼泽,体现了自然演替的过程,体现了自然令人敬畏的巨大力量。生态公园的本质应当体现这种力量,让人们了解、尊重,建立人与自然之间和谐的关系。

三、设计策略

公园设计的思路是首先对植被进行清理,去除四处蔓生的对其他植物有害的藤本草类,去除死亡和濒临死亡的植株。然后根据植被生长情况,划出一些区域作为保留地,作为这个地方自然演替的样本,在公园的建设过程中和未来的养护过程中不加干涉和改造,称为"生境岛"。

图 5

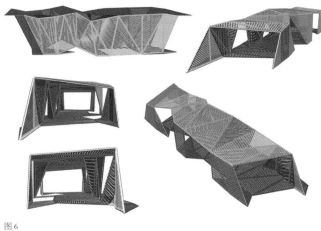

图 6

图 7

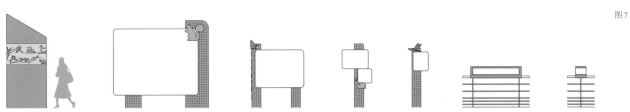

图 8

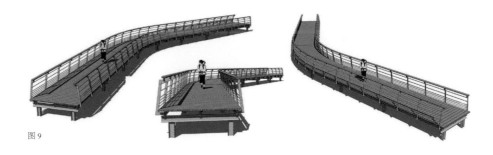

图 9

而其余的地方,适当地疏伐乔木,去除一些弱小纤细的植株,使得强壮的植株能够生长得更健康,同时林地能够透入更多光线,为林下植物生长创造条件。通过微地形的调整使雨水排放到低洼处,与原有池塘和库区的排水系统联系起来。有序的雨水排放形成了一些新的池塘,也使更多的土地免于雨水的浸泡,利于植物的生长。引入一些具有一定观赏价值和生态价值的下层植物(如动物和昆虫的食源植物、蜜源植物和寄主植物),使植被群落更为丰富,景观更有吸引力,并为小型哺乳动物和昆虫提供良好的栖息场所。

四、景观结构

设计通过一条悬浮于淤泥上的栈道将游客带入这个生态系统中,了解自然的力量以及人对自然的干涉所带来的改变。1km 多长的栈道在平面上蜿蜒曲折,在立面上高低起伏,并结合廊架、长座凳和围栏,不仅带来丰富的视觉体验,也为参观者提供了一系列观察平台和休息场所。设计师还为公园设计了生动有趣的整套指示系统和科普教育内容,为游客提供了科学完善的生态教育机会,使公园成为一座露天的自然博物馆。

五、创新与特色

在这样一个极具挑战性的项目中,设计通过深入研究现状自然生态系统并运用生态学知识,对基址做出了科学合理的干预,推动它向一个健康的方向发展,并将人类活动限定在一个合理的范围之内,最终建立起一个人与自然和谐的系统。江洋畈生态公园不仅保护和改善场地原有的生态环境,而且提供了极为完善的生态教育内容,体现了公园的社会价值,成为一座真正意义上的生态公园。

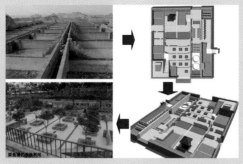

图1

02

北川新县城园林绿地景观设计

设计单位：中国城市规划设计院研究院
北京北林地景园林规划设计院有限责任公司　北京中国风景园林规划设计研究中心
项目负责人：贾建中、束晨阳、李雷、端木歧
主要设计人员：韩炳越、张璐、牛铜钢、马浩然、谭小玲、高亮、黄静
参加人员：项飞、蒋莹、段岳峰、程鹏

一、项目概况

北川新县城园林绿地景观规划设计是北川灾后重建的重要组成部分，包括新县城绿地系统规划、环城山体景观规划以及多条景观带规划设计。其中新县城绿地系统规划面积 7.13km²，环城山体景观规划面积 14.2km²。主要景观带如下。

（一）永昌河景观带规划设计（33.55hm²）

贯穿城市，分别选取了五种民族特质的元素，分别形成羌红线慢跑路、云彩谣水体、乡土林乡土生态、原生物乡土文脉、锅庄场活动场所5个主导系统，有机贯穿于景观带，形成具有体现抗震和团结精神、继承和弘扬羌族文化、丰富市民文化生活、改善城市生态环境等综合功能的开放性公园绿地。

（二）安昌河东岸滨河绿带规划设计（45.9hm²）

景观设计体现自然生态特色，突出大尺度整体植物景观效果、乡土特色和低维护特点。强调滨河绿化的自然特征，设计以运动健身和生态科普为主要功能的运动休闲景观带，为市民提供日常游乐、散步、健身的休闲场所。

（三）新川河景观带规划设计（9.44 hm²）

规划设计以绿化为重点，突出植物景观和水景特色，并根据需要增设休息游憩设施，形成环境优美的城市绿廊。

（四）云盘河景观带规划设计（7.3 hm²）

与工业园规划相结合，营造一条具有一定科普教育意义、浓郁生活气息、防护展示功能的绿色景观廊道。

图2

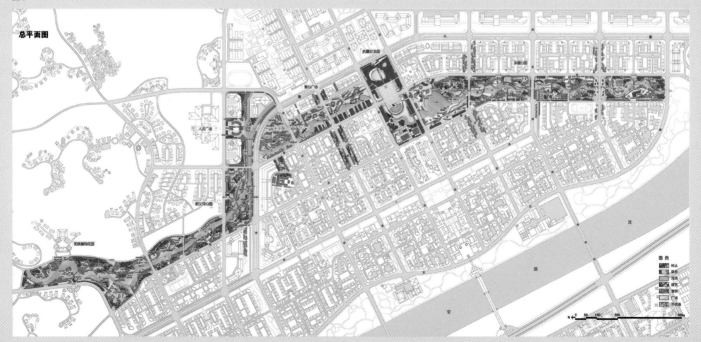

总平面图

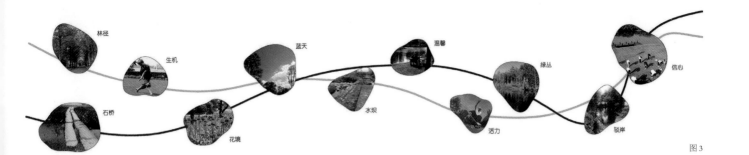

图3

图4

二、总体设计理念

北川新县城园林绿地总体景观规划设计以"生活融于绿色"理念为指导,在营造以水和植物为主体的生态景观的基础上,通过丰富的活动内容和多样化的场地,营造绿地景观的归属感;通过特色主题花园,体现羌族历史文化;通过抗震纪念园设计,展现抗震精神主题;通过地方乡土植物、地方石材,体现低维护、可持续的景观设计。

三、项目创新与特色

(一)构建城景交融的公园、绿带系统
公园绿地建设与新城建设同期进行,注重城市景观与绿地景观的联系以及绿道游览系统的串联。

(二)抗震精神的表达
以抗震纪念园为代表的园林景观与新县城同期建设,是灾后重建的重要标志,展现了北川人民坚强不屈的抗震精神。

(三)民族文化的展现与弘扬
景观规划设计吸取了羌族众多的文化元素,将其表现在总体景观设计上,加深当地人们的归属感及认同感,使羌族灿烂的文化得到继承与弘扬。

(四)保护现状资源,延展地域特征
从景观特质和风景资源的视角出发,规划设计选择性地保护与利用现状资源以延续场地文脉精神,并赋予新的景观和功能属性,使场地文脉得以延续与再生。

(五)坚持生态优先,建立科学的生态系统
景观规划设计以创造科学的城市生态系统为出发点,利用河道水系,以植物为本底,形成科学的生态系统结构,其生态效能为北川新县城服务,并保证城市生态安全。

(六)功能多样,满足新北川人民的生活需求
震后的灾区人民将开始新的生活,新的环境将把传统的生活方式和现代的生活方式完美地交织在一起。园林绿地满足了北川人民纪念、休

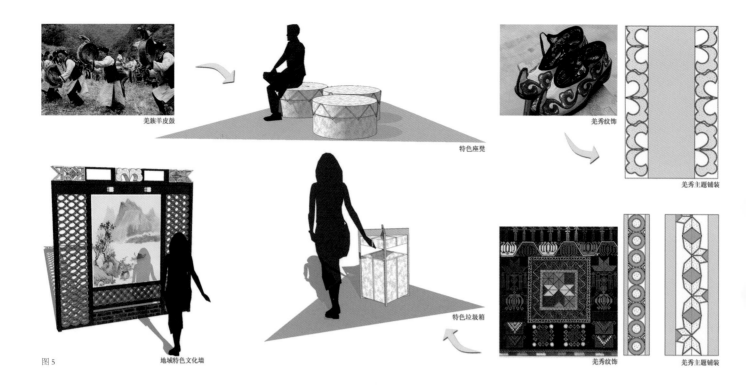

羌族羊皮鼓

特色座凳

羌秀纹饰

羌秀主题铺装

地域特色文化墙

特色垃圾箱

羌秀纹饰

羌秀主题铺装

图5

图6

闲、文化、游憩、防灾等多种功能的需要，在新的美丽风景中，北川人享受着新的生活。

四、规划（设计）实施

新县城绿地系统规划和周边山体景观规划强有力地指导了新县城的绿地景观规划设计和建设，在此规划的指导下，完成了新县城园林绿地景观的规划设计和建设工作。

景观带的规划设计在施工建设中全部落实，共完成景观绿地建设 220 多万平方米，取得了良好的生态效益和社会效益；构建形成了新县城科学的生态系统，丰富了城市生物多样性，并为城市安全提供了保障。

园林绿地景观保护了新县城基址宝贵的自然资源和人文资源，为当地居民提供了丰富的户外活动空间，弘扬了抗震精神和人间大爱。

园林绿地景观树立了新县城的新面貌，增强了灾区人民建设新家园的信心；同时扩展了新县城的城市影响力，促进了北川羌族自治县的新发展。

图 7

■ 图 5 从民族传统文化中提取景观设计符号
■ 图 6 运用乡土材料的小场地
■ 图 7 抗震纪念园
■ 图 8 羌红线——公园慢跑路系统
■ 图 9 运用当地乡土植物

图 8

图 9

03

2013 年第九届中国国际园林博览会古民居文化展示区

设计单位：北京市园林古建设计研究院有限公司
项目负责人：朱志红
主要设计人：金柏苓、郭泉林、刘杏服、陶晓燕、宋立辉、孙丽颖、张颖
参加人员：李海涛、裴莹、王晨、孙运婷、陈小玲、李科、付松涛、赵辉、穆希廉

一、项目概况

古民居展示区是 2013 年第九届园博会（丰台）重要的组成部分，规划面积 17.16hm²，建筑形式为仿古民居建筑，包含北京四合院及徽派建筑风格，体现了古民居文化展示区的教育、传承意义。

项目设计包括古民居建筑与园林环境的总体规划布局、古民居建筑（四合院建筑、徽派建筑）和庭院花园、公共园林景观等内容。

二、设计思路

中国地域广阔，南北文化差异较大。在项目场地有限的空间里，为表达"园博"这种文化荟萃的精神，精选了北京四合院和徽派民居，作为南北民居文化的代表。

在古民居展示区，设计集中展示了具有南北方特性的民居建筑和民居环境、庭院花园以及民居文化，营造一个具有古韵氛围的民居展示区，让中外游客对中华博大精深的民居文化能窥见一斑。同时，通过大环境的利用和小环境的精心设计，创造一个环境优美、安宁祥和的"世外桃源"，展示生态良好、宜居和谐的美好家园，为当代精神寻找源头活水。

图1

图 2

三、设计特色

（一）古民居建筑与环境的统筹规划，营造理想山水环境

园博古民居文化展示区地块用地不够理想，地势平坦，穿过园区的高压线将用地分为南北两块，主体部分在南侧，地块南面山，东面临河，南部空间局促。这里适合布置呈胡同式组合的普通民居四合院。通过对地形的整理，创造西、北部高，南部有狭长水面的地形骨架，创造一种接近理想的、山水相融的居住环境。

地块北侧布置地道的北京四合院和胡同，经过一定绿化环境的过渡，中部是徽派民居。临水而居是徽派民居的一大特点，所以在中部设计了一条河道一样的水系，南部是临水北京四合院。

这样的布局展示了北国江南的生动形象，同时，水系的环绕，黑白灰色调的协调，将南北两大派系的建筑融合在山水之中。南部的狭长水系，减弱了建筑面山的局促感。北坡整体建筑群相对集中布置，外围留出更多的园林空间。

园林环境以植物为主，营造绿树环绕、幽静而有品位的自然空间。在绿化环境中通过植物、山石、水系等自然元素造景，表达传统民居的环境特点，创造一种融入自然山水的民居景观。

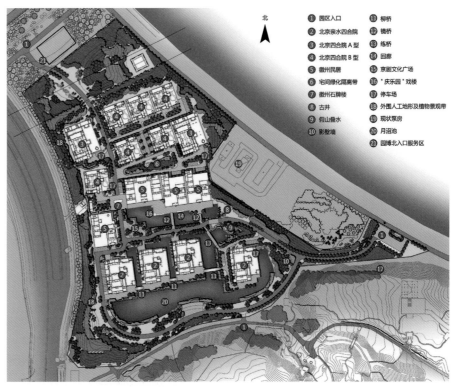

北

① 园区入口	⑪ 柳桥
② 北京亲水四合院	⑫ 镜桥
③ 北京四合院 A 型	⑬ 练桥
④ 北京四合院 B 型	⑭ 回廊
⑤ 徽州民居	⑮ 京剧文化广场
⑥ 宅间绿化隔离带	⑯ "庆乐园"戏楼
⑦ 徽州石牌楼	⑰ 停车场
⑧ 古井	⑱ 外围人工地形及植物景观带
⑨ 假山叠水	⑲ 现状泵房
⑩ 影壁墙	⑳ 月沼池
	㉑ 园博北入口服务区

图 3

图 4

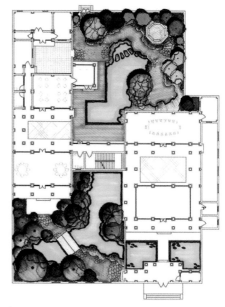

图 5

（二）传统古民居文化的创新与传承

对于民居来说，生活的需要是民居文化不断创新发展的源泉。现今的文化及生活方式有别于过去，对建筑空间尺度的追求、对居住舒适度及生活质量的追求、人与人交往方式的变化等，都会导致传统的居住建筑在很多方面不能满足现代生活的需求。另外，古民居文化展示区的建筑坐落于公园之中，势必要与园林环境良好协调，建筑的布局、尺度及细部处理必然不同于传统方式。

1. 建筑布局保持传统民居格局，同时与公园环境结合

临水四合院建筑并没有按照传统四合院的平面格局进行设计。四合院带花园，三面临水，南侧接待室外面有宽大的临水平台，每座四合院前面的平台之间用石拱桥相连，整个建筑立面生动且富有园林气息。

徽派民居在平面布局上将三路纵向空间作了错位处理，由园林填补交错而来的空白，使园林面积扩大，景观得到优化，借鉴传统园林空间通透的手法，形成了灵动的景观空间，原本封闭、刻板的院内空间有了灵气，提高了房间的使用质量。

2. 建筑尺度在传统民居基础上做适当创新改进

为了增加使用面积，新建四合院往往采取多种手段，如加设地下室、改变传统的建筑尺度等。徽派民居天井院加大，增大采光，南面的院墙稍降低，在保持徽派民居建筑特色的基础上，增加建筑外立面的层次变化，仅仅 3 套院落就展现了徽派民居层层叠叠、连绵不断的意境。

3. 不同庭院突出不同民居的文化内涵

布局和尺度的改变，为院落内布置山石花木创造了条件。庭院内布置山石、水景、花木，结合建筑的雕刻、彩绘，表达景观主题，突显不同院落不同的景观意境，为院落文化内涵的形成和积淀打下基础。

（三）会展与后续利用的结合

在古民居文化展示区规划建筑及环境、进行庭院设计时，没有简单地照搬，而是带着对传统文化进行现代重建的检验能力，通过学习与创新，使传统民居文化重新回归并创新、传承、发展。其目的就是为了方便后续利用，符合现代人的使用需求，让古民居的居住文化能够保存、延续、可持续，唤起人们对中国传统民居及文化的重新审视。

图 6

■ 图 4 庭院建成实景
■ 图 5 庭院平面图
■ 图 6 徽派四合院
■ 图 7 徽派四合院建筑
■ 图 8 徽派四合院内庭
■ 图 9 临水四合院

图 7

图 8

图 9

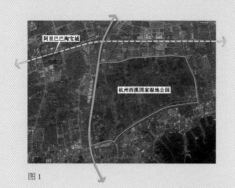

图 1

一、项目概况

项目位于杭州市余杭区高新科技产业带上，北临文一西路延伸段，与西溪国家湿地公园相邻，是一处有典型湿地风貌的园区。全园包括南部景观区、中部景观区、北部停车场区及永胜港河道风光带 4 个区块。总用地面积 24hm²，建筑面积约 40 万 m²。整体设计力求打造一个漂浮于湿地之上的现代化园区，仿佛轻轻地放置于湿地之上，对原有的生态环境不造成影响。

二、设计要点

1. 如何利用原有场地资源体现园区的湿地特色。
2. 如何解决好理性园区与感性湿地之间的对立。
3. 如何平衡好园区活动与湿地保护之间的矛盾。
4. 如何令园区细节处理与湿地环境协调。
5. 如何在湿地环境中体现现代企业文化。

三、设计内容

（一）充分利用基地最具价值的湿地地貌，创造特色鲜明的现代化园区

园区自然地貌与西溪国家湿地公园类似，为典型的鱼鳞状池塘系统，基地拥有完整而微缩的湿地生态系统。项目以"取样西溪"理念为指导，

04

杭州阿里巴巴淘宝城
（一期）景观设计

设计单位：杭州园林设计院股份有限公司
项目负责人：李永红
主要设计人员：张永龙、秦安华
参加人员：许晶菁、陈莹、铁志收、冷烨、吴新

图 2

图3

充分利用园区独特的地貌肌理，提纯与再现湿地风貌，形成以湿地环境为特色的现代化园区。

（二）采用"对话式"整体景观布局，解决理性园区与感性湿地间的天然对立

园区整体形象简洁大方，人工景观与建筑相呼应。把人工景观当成建筑的一部分，形成建筑与人工景观的结合体。结合体与湿地环境间有一条比较分明的界限，形成了人工与自然的对话，互不侵犯。把理性的现代化园区与感性的自然湿地这对天然对立面有机结合起来

（三）采用"聚散结合"的功能布置，达到园区活动与湿地保护之间的平衡

园区1.5万名员工的活动大量且多样，在活动场地的布置上，避免采用分散处理的手法，把场地隐藏在绿地中，两者相互渗透。分析了主要的活动类型和活动习惯，在建筑周边形成连续集中的大场地，把人的主要活动限定在建筑周边。

为满足人们较私密和安静的活动需求，仅在湿地内部设置了一些必要的活动场地。通过这种手法把尽量多的空间让给自然，也体现了人类

- ■ 图1 淘宝城的区位
- ■ 图2 以湿地为特色的现代化园区
- ■ 图3 西溪湿地典型的鱼鳞状池塘系统
- ■ 图4 集中于建筑周边的活动大平台系统

图4

图5

的自我约束，从而实现人的活动与湿地生态的新平衡。"聚散结合"的方式，令园区功能布置简单明了，有效协调了园区活动与湿地保护之间的平衡。

（四）"相对统一"的处理手法，使场地更加协调

场地不拘泥于形式变化，而专注于对功能的满足。园区分布有漂浮于水边的休息平台、漂浮于草坪之上的集会平台、漂浮于绿地之间的运动平台等，这些形态相近的场地丰富而又统一。

（五）细节的推敲与把握，令园区与湿地环境协调

1. "漂浮"园区的达成

采用了漂浮的设计手法，整个园区犹如浮动在湿地之上，减少对原有生态的干扰。要达到"漂浮"效果，在于对每个活动平台的边缘采用外向悬挑的处理形式。把场地的硬质边缘隐藏在阴影之中，产生漂浮感。细节上采用外衬钢板的方式，让边缘显得更加纤薄轻盈。

2. 湿地水环境的营造

由于池塘的水源补充不能达到园区的使用要求，整个区块的水处理采用了"湿地生态净化＋人工水净化"结合的方式，快速与长效互补，营造水草丰茂、宁静清澈的湿地景观。

■ 图5 漂浮于水边的休息平台
■ 图6 漂浮于绿地的运动平台
■ 图7 平台边缘隐藏在阴影之中
■ 图8 平台边缘细节做法

图6

图 7

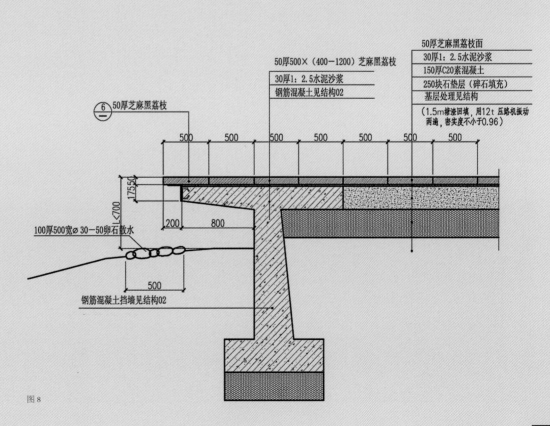

50厚芝麻黑荔枝

50厚500×（400—1200）芝麻黑荔枝

30厚1：2.5水泥沙浆
钢筋混凝土见结构02

50厚芝麻黑荔枝面
30厚1：2.5水泥沙浆
150厚C20素混凝土
250块石垫层（碎石填充）
基层处理见结构
（1.5m墙渣回填，用12t压路机振动
两遍，密实度不小于0.96）

100厚500宽∅30—50卵石散水

钢筋混凝土挡墙见结构02

图 8

3. 统一鲜明的铺装界面

经多轮推敲与选择，园区内的铺装主材仅为芝麻黑荔枝面一种。场地界面的简单内敛，衬托出外在湿地环境的丰富张扬，突出了湿地特色，也使得场地与建筑高度统一，整体感强。

（六）平淡而丰富的企业文化表达

在这里看不到名人名言，看不到企业业绩，但可以用眼睛感受员工丰富多彩的活动，感受企业倡导的低碳生活，感受人与人之间的协作、友情与亲情。这种表达的方式平淡而又丰富，与湿地生态系统外表平静、内在丰富的特质是相通的。

（七）强调生态环保与湿地环境相符

项目在新材料运用、雨水收集及水净化处理以及植物配置等方面融入生态环保的理念，力求打造低碳、科技的现代园区，与湿地生态环境相协调。

四、结语

阿里巴巴淘宝城在杭州余杭区众多现代化园区的建设中所面临的问题具有代表性，对于如何善待原有的场地资源并融入现代化园区的建设，项目做了一定的探索。项目在总体布局及细节处理等方面，把湿地元素渗透设计的各环节当中，使阿里巴巴淘宝城成为一座漂浮于湿地之上的现代化园区，园区与湿地共生共存，极富特色。目前已有 1.5 万名阿里员工在此创业生活，它不仅仅是一个现代化的科技园区，也是一处温情脉脉的社区花园，更是一片绿色蔓延的生态湿地。

图9

图10

- 图9 铺装简单内敛，衬托外在环境的丰富张扬
- 图10 企业倡导的低碳生活
- 图11 被湿地包围的现代园区
- 图12 水草丰茂、宁静清澈的湿地

图11

图12

2017

计成奖

一等奖

一、项目概况

项目位于新疆乌苏市新区核心地块，东靠文明路、南临S115省道、西沿西湖路、北依景秀路，呈条带状分布。公园南北跨度1.6km，东西跨度80~500m，被6条规划城市道路分割，成为独立的6块绿地。建设规模38.90hm²，其中水体面积16.43hm²，建筑占地面积约2150m²。

二、项目创新

（一）变废为宝，通过弃水资源的有效利用成功化解当地景观用水矛盾

项目占地38.9hm²，其中水面面积约占50%，水面南北跨度达1.7km，充沛的水源是项目成功的关键所在。在多次踏勘现场以及与专家充分沟通后，提出了一个变废为宝的设想，即选用一条荒废的天山雪融水作为主要水源，这条雪融水源由于含有大量泥沙及杂质，无法直接作为农业灌溉用水而成为弃水。设计通过在公园外建立沉淀池，在初步沉淀后将雪水引入公园内，通过水生植物的净化、人工喷泉的曝氧和人工控制水流速度和方向等技术，将浑浊的雪水逐步净化为洁净的景观用水。公园的水面成为一片天然净化池和蓄水池，浑浊的雪水在经过一道道净化后，除了能满足公园日常水景的

01

新疆乌苏九莲泉公园景观设计

设计单位：上海市园林设计研究总院有限公司
合作单位：新疆通艺市政规划设计院（有限公司）
项目负责人：庄伟 钱成裕
主要设计人员：江东敏、张毅、翁辉、韩莱平、黄慈一、戚锰彪、吴小兰、费宗利
参加人员：田海涛、施炜、于云龙、徐元玮、张卫国

图1

| ■1 观莲亭 | ■3 户外健身区 | ■5 莲花雾喷广场 | ■7 市民喷泉广场 | ■9 城市广场 | ■11 观演舞台 |
| ■2 亲子广场 | ■4 花瓣广场 | ■6 活动草坪 | ■8 景观服务建筑 | ■10 莲花岛 | ■12 静莲池 |

图 2

图 3

图 4

需要，还能汇入下游农用灌溉渠内，为农业灌溉提供一个绿色、干净的水源，成功化解了当地灌溉水源紧缺与景观大量用水之间的矛盾。

（二）通过谨慎选择防渗材料、驳岸结构的创新做法解决水景防水保水难题

在景观建设相对滞后的新疆，水景建设还处于探索阶段，要在渗水能力极强的戈壁滩上造水景更是难上加难。首先，防渗设计必须保证池底滴水不漏；其次，防渗膜和钢筋混凝土护岸要抵御当地冬季与夏季近70℃的温差；此外，防渗膜的选型及驳岸结构的做法还需要考虑总体造价有限、当地施工工艺落后等多方面因素。为了保证设计进度，项目将重点放在了防渗膜的选型和驳岸刚性混凝土结构与柔性防渗膜搭界的技术难题上。通过多专业的协调配合，在经历了8轮施工图调整后，最终确定了一个既经济适用又方便施工的驳岸结构做法及搭界方式，填补了新疆在大型景观水体工程驳岸设计上的空白，得到了当地专家的认可。

（三）充分利用当地植物资源，构建色彩斑斓的植物景观

由于当地土壤含盐量非常高，且灌木地被的苗木资源稀缺，为了保证公园黄土不外露，丰富

图 5

■ 图4 自然亲水的岸线
■ 图5 层层跌落的水景
■ 图6 各类护岸节点

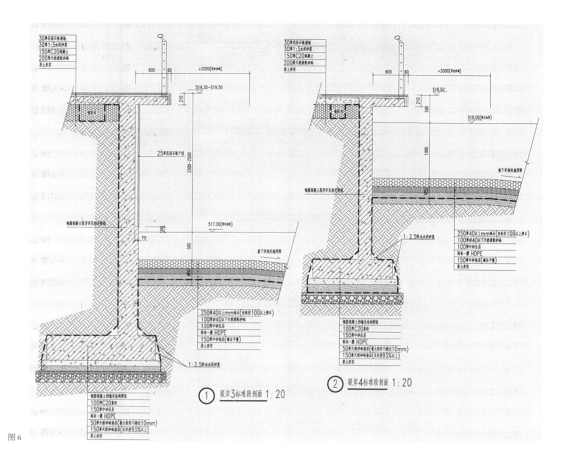

图6

图 7

图 8

公园林下空间，设计团队大胆选择当地耐盐碱、花期长、花色丰富的野花地被作为林下地被大面积种植，成功保证春夏秋三季公园处处有花、色彩斑斓的景观效果。

（四）利用声光电等技术打造主题喷泉，吸引市民游览

考虑到新疆当地夏、秋季节百姓夜间活动内容丰富多彩，公园在主节点处设计了近 1 万 m^2 的广场铺地，以满足当地百姓广场舞和夏季夜间游园的需要。同时利用大面积水域，打造横向宽度达 250m 的特大主题激光音乐喷泉及水幕电影，丰富了公园夜间游赏的活动内容。公园对外开放后，乌苏市近一半的市民来到公园，观摩主题喷泉，该处成为该市的一大热点。

图 9

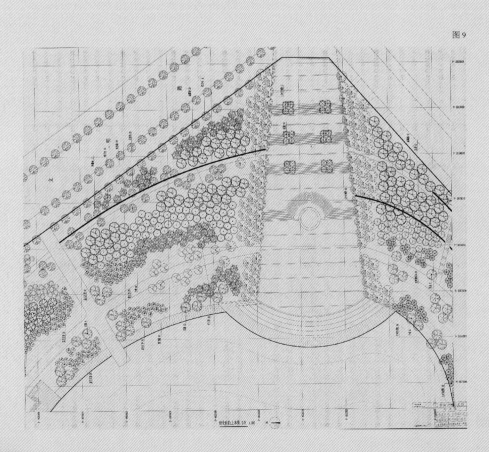

图 10

图 11

■ 图 7 绚烂的野花地被
■ 图 8 自然多彩的水岸植物
■ 图 9 绿化种植设计图
■ 图 10 音乐喷泉及水幕电影
■ 图 11 水景与灯光的结合
■ 图 12 莲花广场详图
■ 图 13 喷泉节点

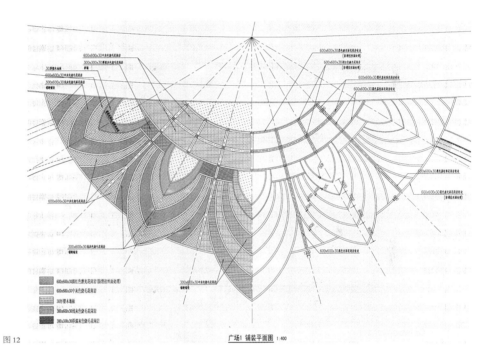

图 12

广场1 铺装平面图 1:400

图 13

- 图 1 汶河大桥周边生态环境
- 图 2 总体鸟瞰图
- 图 3 汶河滨水区总平面

02

安丘市汶河滨水景观工程

设计单位：北京北林地景园林规划设计院有限责任公司
项目负责人：张璐
主要设计人员：吴婷婷、应欣、封培波、张婧
参加人员：项飞、卞婷、王斌、朱京山、刘框拯

一、项目概况

项目位山东省安丘市大汶河的南北两岸，汶河大桥至大汶河大桥段，北岸全长 2.1km，南岸全长 1.6km，总面积约 50hm²。

工程于 2013 年 2 月开工建设，10 月基本完工，工程设计概算为 10417.8 万元，总投资 1.2 亿元。共计完成公园绿地 35 万 m²，湿地湖泊 10 万 m²，自行车绿道 3030m，铺设园路 2 万 m²，砌筑驳岸 3500m，建设了 2200m² 的二层游船码头、3 座景观桥和一组长廊水榭，铺装木质平台、栈道 5000m²，完成乔灌木栽植 1.5 万株，地被 35 万 m²、草坪 3 万 m² 及水生植物 2 万 m²。

项目建成后为当地市民提供了活动场地，成为市民活动的天堂，滨河景观也成为城市绿色的项链。该项目获 2015 年山东省人居环境范例项目奖。

二、设计原则

大汶河是安丘的母亲河，它历史悠远，文化底蕴深厚，哺育着世代安居的一方儿女。设计遵循"一轴两翼，拥河发展"的规划方针，打造如诗如画的汶河滨河景观带。

图 1

图2

（一）生态性原则

坚持生态优先的原则，有效地提升环境质量。

（二）安全性原则

设计结合水系防洪规划，在防洪安全范围内实施。

（三）地方性原则

地域特征与文化的表达要紧紧依托地方性原则，体现当地地方文化特色，传承城市文脉。

（四）重点与一般原则

项目突出重点，将重要的节点和一般的景观处理相结合。

三、设计要求

汶河市区段的河道防洪是按百年一遇的标准进行规划设计的，水利规划已经明确提出了河道的堤防、河槽、堤顶路、水面分级的详细技术资料，本次规划将与其充分结合，要求如下。

1. 保证行洪截面，保证河道中心主河槽的完整。

2. 满足堤防要求，结合堤顶路、大堤截面进行规划设计。

3. 充分利用好高程分级的水面开展适宜的水岸、水上活动。

图3

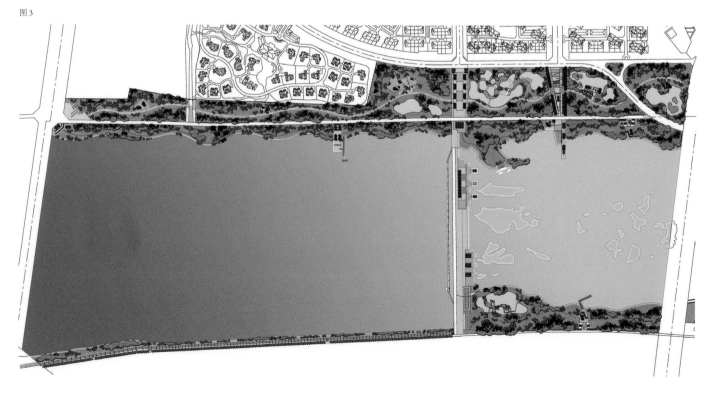

4.对规划的堤坝、桥梁等水利设施提出景观构想。

四、设计布局及结构

汶河两岸滨水区绿地所辖面积约 40km²，结合景观策略，在整个景观区域内划分出"一河、两带、多点"。

（一）"一河"
即汶河。规划后的防洪滩地及水系驳岸将在不影响整体行洪功能的前提下突出景观品质及生态特性。

（二）"两带"
即汶河滨河两岸绿地。结合与周边城市功能的对位关系，本次规划汶河西岸以简洁、现代、都市文化滨河景观为主，东岸以轻松、自然、野趣景观为主。

（三）"多点"
在汶河两岸根据节奏变化设置了若干个广场节点。体现汶河作为城市母亲河孕育了安丘悠久灿烂的历史文化。

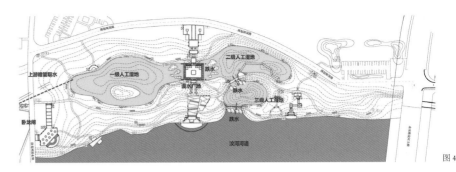

图4

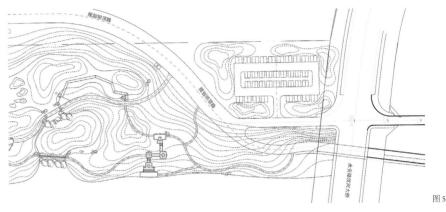

图5

图6   图7

■ 图4 三级跌水景观
■ 图5 汶河动态的水系统
■ 图6 北岸市政路退让滨河绿地
■ 图7 垃圾清运后形成的下洼人工湿地
■ 图8 绿色渗透，城水交融

图8

五、设计理念与技术创新

景观建设本着以下四个设计理念，致力于绿色渗透，将城市带入水滨，将河流融入城市。充分汲取安丘深厚的历史文化底蕴，建立人与河的联系。

（一）滨水绿地的结构创新——绿色渗透，城水交融

满足防洪需求的前提下，与规划部门协调，将市政道路外移，北岸退让出300余米宽的滨河绿地，保留主河道天然湿地景观，使绿地由河岸向新城渗透，为城市打开了一个开阔的景观界面，更为周边人群提供了便捷舒适的游赏空间。河岸的滨水自然优势成为区域的最大亮点，水系向城市的拓展拉近了城市与水的距离，更好地体现了城水交融、滨水宜居的理念。

（二）利用滨河高差形成的生态创新——尊重现有地形地貌，完善城市滨水生态系统

汶河上游段巧妙地利用卧龙闸5.5m的水位高差，形成三级跌水景观，将河道上游蓄水引入滨河绿地内，将地块内原有的两个垃圾场清运后形成的下洼地形设计成人工湿地，架设木平台、木栈道穿梭其中，有效地解决了城市雨水排放，净化的问题。

图 9

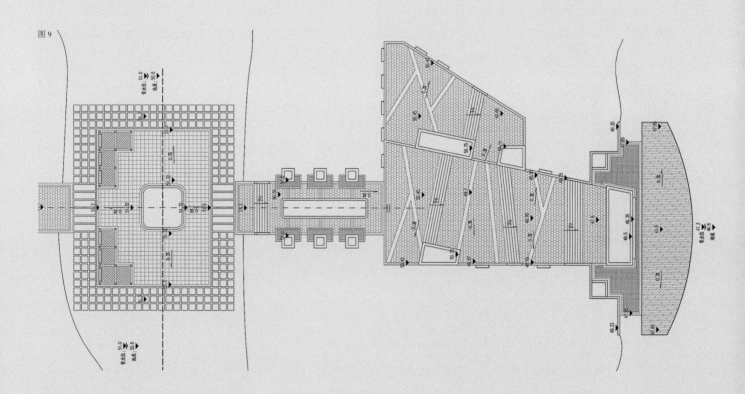

图 10

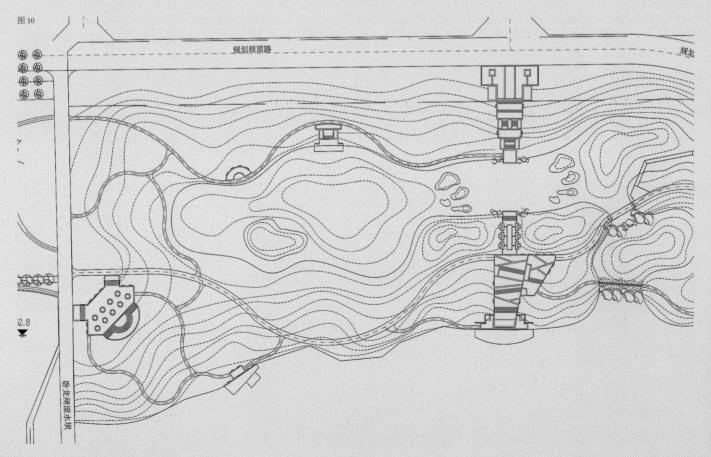

（三）以人为本，创造多种亲水体验的创新——改变原有单一的岸线形态，利用基地内丰富的水体，组织一系列水空间，创造多样的亲水体验

北岸两湖湿地中间设计了面积约2000m²的漫水广场，沿河设有多处挑出水面并富有艺术性的亲水设施——有曲线形的特色码头，亦有直线形的临水平台；有似波浪的滨水广场，亦有简洁笔直的滨水步道；有野趣十足的水生植物展览区，亦有规则现代的听泉阶梯广场。整个河道岸线亦曲亦直，使得汶河形成动态的、活跃的、艺术的水系统。

（四）文化塑造，深度挖掘安丘文化底蕴——营造特色节点区域及景观地标，提升滨河景观的知名度

沿岸设计大型浮雕景观墙、景观廊架小品等，充分展示安丘历史八大景中的"牟山拥翠"和

"汶水澄清"两处景观，平衡自然高差，将安丘考古发掘的汉代朱雀图案和国家城市湿地公园标志用地雕形式铺设于亲水平台上，对抗日战争时期的老石桥进行景观改造，留住故乡的回忆。项目充分展示了安丘的历史文化，既具有文化内涵，又具有富地方特色的人文景观，为广大市民提供了文化休闲的好场所。

两岸的景观处理，将汶河打造成一条文化、时尚、生态、富有活力的滨水景观廊道，力求呈现"水清可浴、岸静可憩、街繁可商、景美可赏、城水相依"，实现城、河、人和谐依存的理想愿景。

图11

图12

- 图1 河湾清水栈道
- 图2 浏阳河广场空间模型
- 图3 景观结构分析图
- 图4 浏阳河广场滨水平台实施效果

03

长沙市浏阳河风光带
二期工程景观设计

设计单位：广州园林建筑规划设计院
项目负责人：陶晓辉
主要设计人员：荀皓、梁曦亮、林兆涛
参加人员：李青、金海湘、杨振宇、赵委昊、梁欣、文冬冬、许唯智、吴梅生、
严锐彪、刘勇、王一江

一、项目概况

长沙市浏阳河休闲风光带位于湖南省长沙市芙蓉区浏阳河西岸，南起人民东路，北至车站北路，全长8km，一期已完成2.1km，二期工程长约5.9km，绿化面积22.84hm²。项目交通便利，远大路横穿东西，京珠高速公路纵贯南北，距长沙火车站1.5km，至黄花国际机场15km。片区由SWA集团编制了《长沙市芙蓉区浏阳河休闲带概念性规划及城市设计方案》，提出风光带应以象征浏阳河"十曲九弯"特质的曲折流动空间为特色；并编制了《长沙市浏阳河滨水公园100%概念深化设计》。
项目遵循SWA集团的概念规划及设计，尊重原方案的布局结构和设计特色，紧扣场地建设条件，较好地延续和落实了规划提出的"十曲九弯"的总体风格。

二、设计目标

以"人与自然、人与历史文化、人与都市的互动交融"为出发点，坚持"生态为先、文化为魂、人性为本"的设计原则，突出"汉魂""民歌""名人""民俗"四大文化，紧密结合河道水文情况及场地建设条件，充分挖掘展示浏阳河的历史文化内涵，倡导空间与景观丰富多元，塑造尺度宜人的休闲空间；打造兼具休闲游憩、文化体验、健身观光功能，空间富有节奏感和流动性的滨河休闲风光带。

图2

三、深化思路

原概念设计的景观节点过密；博物馆、码头等功能设施较多，且尺度较大；硬质空间总量过多，集中活动场地的规模过大；道路系统过于复杂，将原本不宽的滨河绿带分割为零碎的狭长空间，且会造成过多的挡土墙、陡坡。

深化调整以减法为主，总体上减少硬质铺装量，适当抽疏景观节点，简化道路系统，以斜向无障碍缓坡为园路骨架，整合绿地空间；重新设计地形，尽量避免原设计中的大量硬质挡土墙，变单向平坡为凹凸多变的自然坡；分散活动场地，结合绿化景观营建宜人空间，取消不适宜的功能建筑，增加服务设施和园林景观建筑；绿化采用组团式种植，形成疏密有致的植物空间。

四、总体布局

设计方案突出浏阳河"十曲九弯"的场所意向，以多重交织的折线形几何构图形成曲折而流畅的景观空间，兼顾无障碍交通和便捷交通的需求，依托交通空间拓展出较多的休憩空间，并注重提升文化内涵。项目分为三个主题段，分别为休闲健身段、历史文化段和生态游憩段，共设置12个主要景观节点，另有多处小型游憩空间散布全区。

图 3

图 4

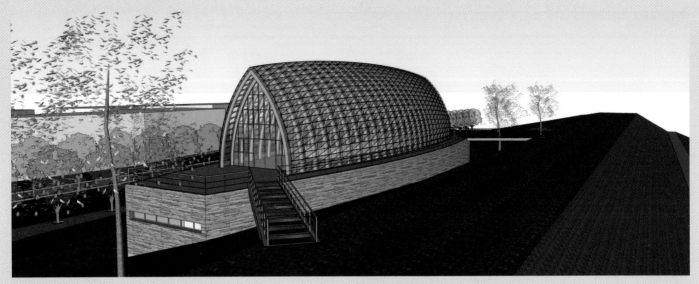

图 5

图 6

五、项目实施

（一）景点设计

1. 休闲健身段

长约 2.6km，以休闲运动、健身娱乐为主题，在绿化环境中穿插设置各种小型活动场所，全段设有多个较集中的活动空间，包括提供多种设施的老人健身园、活力园及以休憩为主的河湾园等。

2. 历史文化段

长约 2.23km，以名河名人、楚汉风韵为主题，主要通过浏阳河广场和马王堆广场两个主题广场形成景观核心，辅以冥想园、秋色园、童趣园、民俗园 4 个景观节点，丰富滨水休闲游憩功能。浏阳河广场的定位为城市大客厅，是居民和游客集中活动的最大节点，也是对浏阳河主题的集中展示。设计以弯曲的铺装和沿台阶蜿蜒而下的草带表达名河名曲的形态和风情。堤顶广场采用仿木铺装，弱化广场大规模铺装的影响，通过河流肌理的铺装形成特色长条座凳，并与台阶、挡土墙等功能设施无缝对接。广场向河道内侧延伸，形成如层层水波的多级滨水休闲平台。

马王堆广场以具有一定体量的双层高台、开敞大气的花坡及中心主雕塑构建视觉焦点；高台的浮雕墙和广场铺装均以马王堆帛画为主题，雕塑则以网纹状镂空材质结合喷雾，抽象地再现素纱禅衣。

图 7

3. 生态游憩段

长约1.12km，以生态自然、游览休憩为主题，整段绿化用地较窄，以自然植物景观为主，设计少量的休闲空间，主要景观节点为翠洲台。

（二）建筑小品

全线新设1座龙舟屋和2座多功能管理建筑，沿堤顶休闲带设有19座风雨廊。

龙舟屋主要为存放龙舟而建，平时是龙舟文化展示的小型博物馆。建筑形如一叶修长的龙舟，二层平台可通往堤顶休闲空间。

多功能管理房采用蜂巢式拼装结构，根据实际使用功能灵活设置建筑空间。

风雨廊呼应"十曲九弯"的曲折流动空间意向，采用折线形建筑外形，19座风雨廊保持造型风格统一的同时，材料与外形各不相同，细节富于变化。

（三）园路交通

风光带为步行游览区，沿长善路边线规划有路边停车场，以堤顶步行道为主要游览线，通过无障碍步行道与城市道路相联系，适当设置便捷的游步道；沿二级河堤设亲水步道，局部地段设置亲水栈道，结合星城天地设置一处游船码头；按照军用要求，结合现状军事码头设短程军用车行便道。

铺装材料强调节约和因地制宜，园路以水泥压模为主，堤顶路延续一期工程，采用市政砖，在广场和节点处适当采用少量的花岗石及其他特色铺装材料。

（四）绿化规划

绿化设计采用组团式种植，以香樟等常绿植物群落构建疏密有致的绿化空间骨架；整个项目分为三个区段，分别为芳香植物区、四季花林区和自然野趣区，各区突出自身的植物景观风格；设有13处特色植物景园，集中配置开花、色叶、观果、芳香、水生、野草花等特色突出的主题植物群落，丰富绿化景观。

图8

■ 图5 龙舟屋建筑模型示意图
■ 图6 龙舟屋实施效果
■ 图7 风雨廊实施效果
■ 图8 风雨廊细节效果
■ 图9 堤顶步行道及游步道实施效果

图9

一、项目概况

广州市儿童公园位于广州白云新城的中心腹地，原白云公园地块，东临云城东路，南临齐心路，北临云城中一路，规划总用地面积约 26 万 m²。一、二期工程分别于 2014 年 6 月 1 日及 2015 年 6 月 1 日完成建设并免费对外开放。开园后，公园得到市民的高度评价，受到小朋友的热烈欢迎，曾单日最高人流量达到约 5 万人次，平均单日人流量约 1 万人次。

广州市儿童公园的发展史可追溯到 20 世纪 50 年代，首个市级儿童公园旧选址于中山四路，于 1958 年开放；1995 年，在地下发现了两千多年前的南越国宫署遗址；2001 年底，为开掘南越王宫署遗址，陪伴广州市民 43 年的儿童公园被拆，并暂迁至人民南海珠广场地块，占地仅 1.1 万 m²，儿童活动场所有限，难以满足市民需要。

2013 年，根据市委、市政府关于推进广州新型城市化发展的战略部署，广州市规划"1+12"儿童公园体系，建设一个市级儿童公园及 12 个区级儿童公园。

广州市儿童公园建设意义重大，一方面传承老儿童公园对几代老广州人的成长记忆，另外一方面适应新时代新广州人的需求，关注新一代儿童身心健康成长的需求，打造一个多彩缤纷、安全快乐的属于儿童自己的场所。

04

广州市儿童公园工程

设计单位：广州园林建筑规划设计院
项目负责人：陶晓辉、梁曦亮
主要设计人员：梁曦亮、林兆涛、李晓冰、施金宏
参加人员：李青、杨振宇、姚诗韵、赖秋红、梁欣、陆茵然、张冬辉、林敏仪、严锐彪、张丽杰、许唯智、吴梅生、王丽群、江贝贝、王一江、佘莎莉、郑梓鹏、邹威廉、梁海钊、陈兆茜

图1

图2

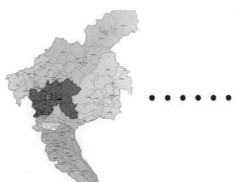

图3

图4

二、设计构思

设计初期,国内并没有足够的成功案例,因此广泛访谈了当代广州儿童对自己喜欢环境的期盼,走访了幼儿园、早教机构、住宅的儿童活动区,并结合多个已建成的大型主题乐园项目作分析。有别于经营性儿童游乐场所,广州市儿童公园可能是国内唯一全部项目免费的纯公益性儿童公园。以"自然生态、科普文化、亲子交流"为理念,围绕儿童成长的年龄层次和探索认知的规律,科学布局,精细规划,打造八大亮点,使之成为既符合儿童身心健康,又能寓教于乐的儿童公园。

三、设计亮点

(一)"积木"色彩的儿童公园形象名片
积木作为经典的儿童玩具,其多姿的色彩和多变的形态为儿童初探世界打了良好基础。公园的建构筑物、游乐设施等元素均融入了"积木"元素,为儿童带来无限的思维启发,形成广州市儿童公园的形象名片。
南大门的造型是卡通化的海珠桥、爱群大厦、西关骑楼等老广州地标形象。配套服务建筑、座凳、连廊、厕所、围墙、糖果屋等都是积木的变形。

(二)"欢乐谷"3万m²下沉式游戏休闲带
巧妙利用公园东侧低洼的地形,打造一个下沉式的带状游乐场地——欢乐谷。通过七彩连廊划分两边,一边是"七彩滑梯"、"欢乐城堡"、"趣味迷宫"、秋千、旋转椅等大量设施,适合2~6岁儿童游乐;另一边是儿童旱冰溜冰场,分为专业区和训练区。

图 5

图 6

下沉式场地能有效控制游乐噪声溢出，场地全部采用软性地面，使儿童活动更安全。旱冰溜冰场地面施工采用传统水磨石工艺，既平整又防滑。

（三）中轴趣味戏水带

位于南大门中轴线中心，是一组大型海洋主题雕塑戏水广场、卵石滩、浅水溪涧等，是供家长、孩子亲子互动的戏水体验区。中轴对称的曲线和椭圆形的戏水广场平面造型如妈妈孕育胎儿，广场上的海洋主题雕塑环形戏水带造型如广州市市花——木棉花，这个设计是寓意广州的儿童如祖国的花朵快乐绽放。戏水带塑有20多种新颖有趣的海洋生物造型雕塑，引导儿童在游乐过程中开启丰富的想象力及创造力。

■ 图 5 鸟瞰图
■ 图 6 南大门入口
■ 图 7 糖果屋
■ 图 8 车模乐园
■ 图 9 感知乐园
■ 图 10 戏水乐园
■ 图 11 消防体验园
■ 图 12 儿童绿道

图 7

图 8

图 9　图 10

图 11　图 12

图13

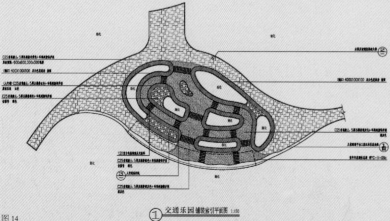

图14

① 交通乐园铺装索引平面图 1:100

（四）4 万 m² 的花林草浪

由于地铁穿越场地中央而过，场地中央设计以开放的草坪活动空间为主，局部草地修整为波浪变化的趣味造型，种植耐踩植物草种，主要为儿童提供攀爬、翻滚、奔跑和嬉戏的开敞空间。

（五）5000m² 大型游戏沙滩

在公园西湖旁模拟沙滩景观，出于安全及管理的考虑，游戏沙滩与外湖面之间通过木栈道及自然绿化分隔，面积约 5000m²。采用细软的干海沙，并通过布置造型丰富的积木沙雕、海盗船、攀爬网、儿童沙排球网等设施，构建一个自由、快乐，充满活力与想象力的包容性场所，同时也是一个大型亲子游戏空间。

（六）形式丰富新颖的科普实践区

1. 探索体验区

以自然生态景观为基地，以主题科普、亲近自然、探索冒险为特色，将丰富的大自然元素与活动场地相融合，强调亲子互动的科普参与性原则、丰富的游乐趣味性原则，让儿童在游乐中自主求知，感受大自然的魅力。

2. 交通安全模拟体验区

模拟交通场景，在游乐中引导儿童学习相关的交通知识。主要设计了儿童绿道、交通模拟园、遥控车模乐园。

3. 消防体验园

通过角色扮演及场景模拟、布置相关消防主题设施等，将消防安全科普与游戏相融合，寓教于乐。

（七）岭南特色的传统游戏体验区

利用历届广州园林博览会留下的岭南庭园精品，湖边增设连廊，改造为传统游戏区——童年印象园，融入 20 世纪 60、70、80 年代经典儿童游戏项目及游乐设施，例如盘轮车、扔沙包、跳房子、跳绳、陀螺等，体现"童年的印象，是家长的童年的记忆"。

其中更是重现了老广州儿童公园的经典游乐项目——大笨象滑梯。滑梯始建于 1973 年，1995年被拆除，承载着 60 后、70 后、80 后老广州人的童年印记。80 后设计师通过翻阅历史照片和凭借自己的童年回忆复建了这条滑梯，使广州几代人的童年游戏经典得以传承。

（八）关注有特殊游乐需求的儿童群体

考虑了特殊儿童群体的使用需求。设立感知花园，其中有细分嗅觉、听觉、触觉等感官游乐设施专类园区，感知花园以触摸、听闻、益智等游戏设施为主，如传声筒、盲文面板、打击乐组合、益智面板等。

图15

图16

四、项目难点与思考

儿童公园的场地规划设计有别于综合性公园，不完全是追求简单的开放舒适，它更注重活动空间的安全考虑，包括防走失、地面平整、活动流线、游乐设备的安全距离等。一家出游儿童公园，其实大人比小孩多，如何把看护的环境营造好也是项目的难点。项目初期，由于对遮阴避雨和游客量的考虑不足，导致避雨廊和厕位不够。儿童公园的绿化设计除了考虑遮阴和开花景观外，还要综合考虑气味、花粉、刺、乳汁、果、毒性等可能对儿童造成的潜在危险。公园大门横跨地铁中央，基础设计和施工如何不影响地铁运行也是一项挑战。

厕所的设计除了考虑男厕、女厕和无障碍间外，还考虑了男、女儿童卫生间，第三卫生间，母婴哺乳间，甚至配备适合儿童使用的厕具，全面的考虑在当时是国内首创的。

总之，广州市儿童公园是国内一个较成功的大型公益性儿童专类公园，随着出台二孩人口政策，我国愈加关注儿童、关注下一代，对儿童活动环境设计也必将越来越重视，而广州市儿童公园正是此类规划设计的先行者。

图17

图18

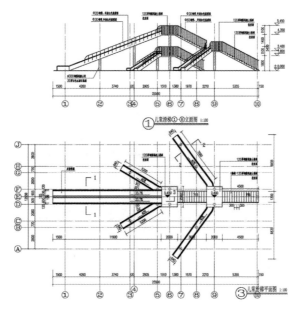

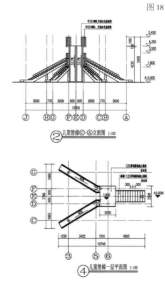

05

可园（本体）修复规划设计工程（一期）

设计单位：苏州园林设计院有限公司
项目负责人：贺风春、匡振鹏、朱涤龙
主要设计人员：潘静、杨家康、蔡丽娟、杨明、贺智瑶
参加人员：席时友、经聪、倪艺、周志刚、于开风

一、 项目概况

（一）可园作为书院园林的特殊性

可园是苏州市文物保护单位。可园至清雍正以前并非独立园林，其地五代时归广陵王外戚孙承祐所有，后属北宋苏舜钦所建沧浪亭的一部分。嘉庆十年（1806年），两江总督钱保江，苏州巡抚汪志伊在可园旧址建正谊书院，后可园经数次修缮。在道光时期可园做为正谊书院的一部分，讲席朱珔撰写的《可园记》详细描述了当时可园的景象，而光绪时期也有《学古堂记》对可园有所记载。

（二）可园修缮前整体现状

现存可园占地7813m²，总建筑面积2724m²。根据《可园记》的记载，从现存遗构看，可园保留了自清道光七年（1827年）以来的格局，现园内挹清池、挹清堂、连廊距今已有近两百年的历史，但因其近现代以来长期为单位使用，使用者根据其功能（会议室、办公室）的需求，除了主厅挹清堂及亭廊之外，对园中的厅堂楼馆进行了大量的改建。

图1

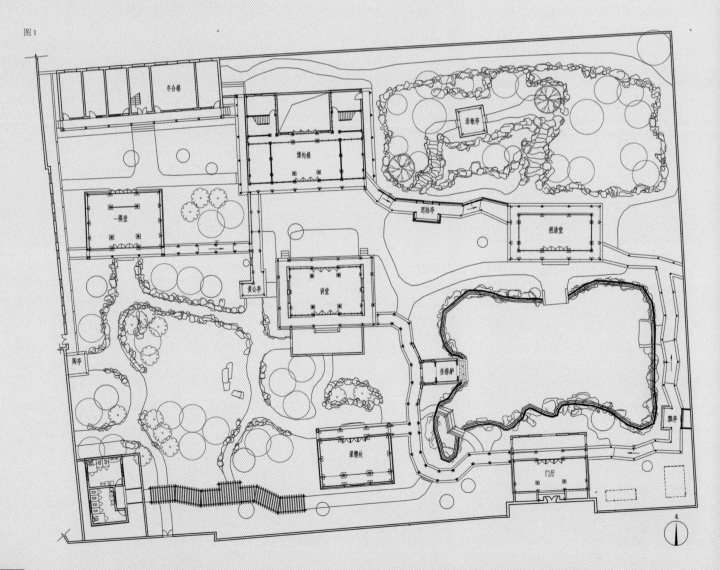

图2

- 图1 修缮后可园总平面图
- 图2 修缮后可园入口
- 图3 修缮后的挹清堂

图3

二、修复方案

（一）总体构思

可园总体布局仍保持着作为正谊书院、学古堂时期所记载的样貌，因此，项目将可园定位于清（或晚清）古典书院园林。这个定位，对于可园修复设计来说很重要，它直接关系到园林布局、厅堂楼馆的命名、室内陈设布置和匾联题款设计的走向。

（二）修缮方式

根据现场调查和测绘资料采用三种方式进行修复设计。

1. 修缮

即揭顶不落架大修。主要用于大木构架、保存尚好、构架体系较为完整、仅局部有所损伤的建筑，如挹清堂、博约楼、讲堂、一隅堂、东合楼等。

图 4

2. 复原修缮

就是按苏州传统建筑的形制进行复原性修复，即落架大修。主要用于因使用单位改变使用功能而造成内部空间、构架体系改变的建筑，或木构架严重倾斜、存在安全隐患的危房，如门厅、浩歌亭、灌缨处、瓢亭、思陆亭、黄公亭、陶亭、连廊。

3. 恢复性重建

对于有史料记载，但场地已无实物存在的建筑，采用恢复性重建的方式予以复原，如坐春舻。抱清池周边"四周廊庑"不完整，坐春舻现已不存，原址重修廊庑和坐春舻是对可园修复完整性的重要补充。

（三）主要建筑修缮过程

可园场地内有大小 13 幢建筑，每个建筑的修缮方案都是在大量翻阅历史资料、实地细致测绘的基础上做出的，但在修复过程中，仍然需要根据不同情况提出新的解决方案。以园林主厅堂抱清堂为例，建筑面阔 13.21m，三间带廊；进深 7.63m，分前后廊、内五界，构成清晰柱网和完整的大木构架系统，是可园修缮前保存状态最好的建筑。

抱清堂修复设计中值得关注的问题是大木构架用料与受力计算存在差距，详见下表。

建筑揭顶后，对全柱腐烂情况严重的进行更换，这种情况主要存在于前后廊柱。两个正开间廊

抱清堂主要物件尺寸对照表

构件名称	单位	实测尺寸（直径）	受力计算尺寸（直径）	测绘尺寸/受力计算尺寸
廊柱	mm	φ130（后廊柱） φ170（前廊柱）	φ160	0.81 1.06
步柱	mm	φ220	φ230	0.96
山界梁	mm	φ180	φ240	0.75
内五界大梁	mm	φ220	φ300	0.73
桁条	mm	φ140	φ190	0.74
桁条（前廊柱边跨跨度 4650）	mm	φ140	φ240	0.58

图 5

图6

图7

柱下部腐烂严重，上部情况较好，对其进行墩接。此外，因廊柱边间比正间大，且达到4.65m，此段桁条已出现弯曲变形，对照传统园林做法，考虑增加两个廊柱，增加其稳固性。此外，厅堂正贴大梁用料偏小，挠度下垂偏大，考虑到安全因素，在不落架，不改变山界梁、童柱的情况下，对大梁进行更换。

三、修复技术新工艺的尝试

（一）木柱墩接加固处理技术

在修补木柱的过程中，项目提出一个新的技术方法，在碰到需要不落架的墩接时，墩接柱子时挑顶揭瓦，不支抬上部结构及柱子，原位对柱子进行墩接。采取两次完成墩接的方法，即

每次墩接半个圆柱根，将墩接面做成斜上面，使柱根能够足尺入位。接缝处采用碳纤维布加环氧树脂胶合，提高木柱整体性，且环氧树脂碳纤维和生漆夏布的膨胀系数接近，两种材料有机结合，不仅操作方便，同时便于油漆。这种墩接法使建筑不发生竖向位移、沉降，保证建筑物结构、屋顶瓦面不破坏，具有安全、易于操作、工效快、经济效果明显等特点。

（二）花漏窗制作的新工艺

可园内有很多花漏窗，项目在技术上进行了新的尝试和改进，相较传统古建花漏窗及制作工艺，新工艺具有的优点是对窗芯采用分体制造、现场组装的方式，使其能批量制造，提高了产品规格的统一性和加工效率。特别采用铅丝网作骨架，提高了花漏窗的整体性；制作了定位

图8

- 图8 复原修缮的花园水景
- 图9 抱清堂修复设计图
- 图10 博约楼修复设计图
- 图11 灌缨处修复设计图

图9

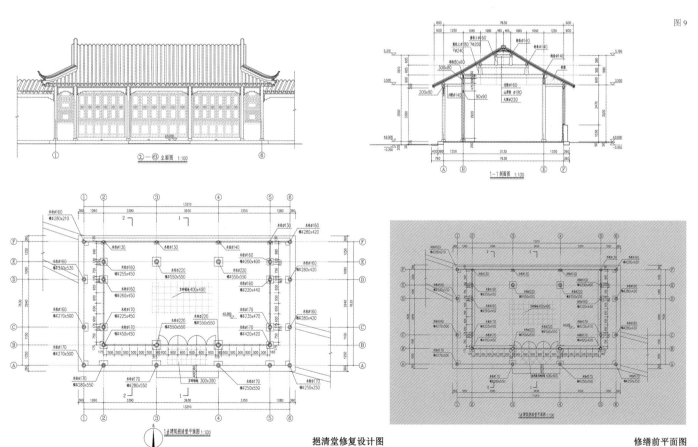

抱清堂修复设计图

修缮前平面图

骨架，定位钉可重复利用，便于规模化制作；且筋混凝土外框提高了花漏窗的牢固性，减少了运输过程中的损伤。此项工艺已申请专利成功。

（三）实拼门的制作技术

对于可园的入口实拼门，采用穿旦销的同时，增设丝杆二道，以穿旦销控制平面变形，以丝杆螺栓控制板间的结合，以此达到更理想的效果。

可园的修复从 2012 年启动开始，历时 3 年。在修缮技术创新上，获得了钢木作用的老嫩戗专利（专利号 ZL 2015 20155942.7）、一种古建花漏窗做法（专利号 ZL 2015 2 015892.4）、一种园林古建的新型斗拱做法（专利号 ZL 2015 2 0155964）3 项实用专利。以上这些革新技术在可园修缮中的应用，是对新技术的又一次检验，其成功经验可为业内提供可靠的范例，有利于古建修缮技术的传承和推广。

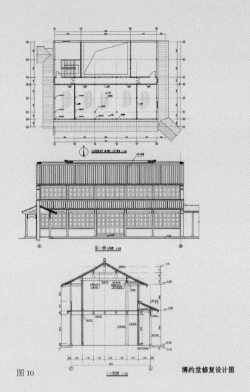

图 10　　　　　　博约堂修复设计图

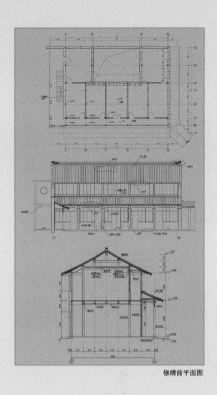

修缮前平面图

图 11

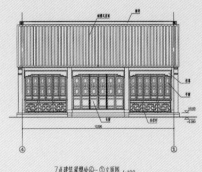

7#建筑濯缨处④－①立面图 1:100

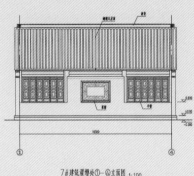

7#建筑濯缨处①－④立面图 1:100

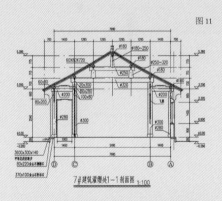

7#建筑濯缨处1-1剖面图 1:100

濯缨处修复设计图

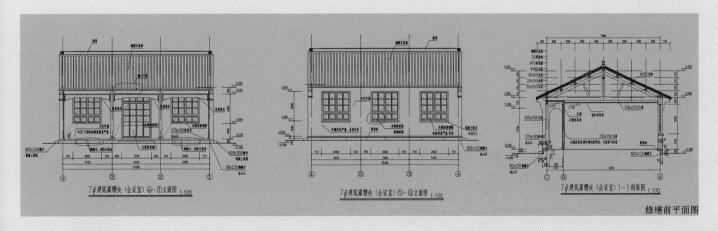

7#建筑濯缨处（会议室）④－①立面图 1:100　　　7#建筑濯缨处（会议室）①－④立面图 1:100　　　7#建筑濯缨处（会议室）1-1剖面图 1:100

修缮前平面图

■ 图1 水景园总平面
■ 图2 生态河道
■ 图3 水景园总平面图

06

杭州余杭区"水景园"工程

设计单位：杭州园林设计院股份有限公司
项目负责人：杨永君
主要设计人员：赵红亚、李华峰
参加人员：高欣、铁志收、叶卫

一、项目概况

杭州市余杭区"水景园"位于临平西南，世纪大道以北，勤丰路与规划水景园路之间，乔司港贯穿基地，总面积8.025hm²。

设计从地块与城市的关系入手；以"生态优先、和谐共生"为主题；以创建体现余杭历史文化传统与地域特色，富于时代特征，最大限度满足市民亲水游憩所需的生态"水景园"区级综合公园为目标。

二、设计理念和策略

（一）强调区域环境塑造与地方特色文化的恰当表达

充分考虑周边用地，以水体为重点，依水进行区域环境塑造和动静分区。乔司港以北为静态休憩区，以自然溪流、乔、灌、草相结合的自然空间塑造，形成水景园核心生态区域。世纪大道为动态游憩区，结合大水面，以水、湿生植物与"林荫游憩广场"硬质空间为主。两大区域间的四区为自然休闲区域，环境塑造以自然为主，辅以适当的休憩设施。

立足杭州江南水乡特色，挖掘传统多样的水景空间，配合各种文化交流需求，创造不同尺度的公共聚集空间以及体量适宜的景观建筑，建设博物馆、艺术馆等，鼓励并促进对传统文化艺术品的重视与欣赏。

图1

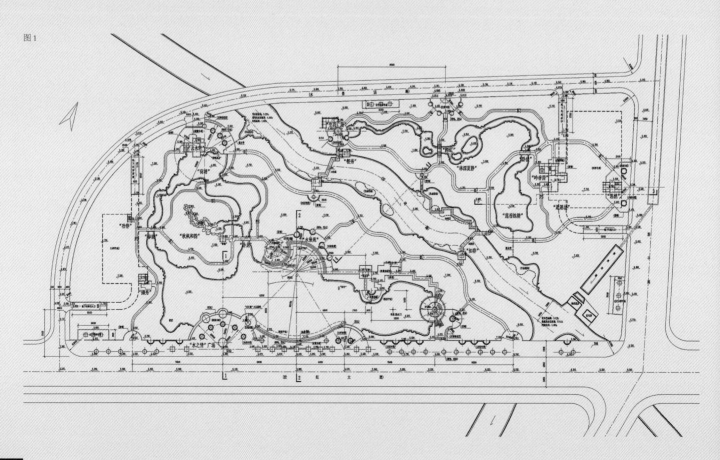

图2

（二）强调水景资源的充分利用

鉴于乔司港水质差；现状生硬，水上设施有所限制；水位变化大，存在枯水期亲水性不佳，洪水期淹没、倒灌问题，根据造景与行洪要求，对河道平面进行线形与宽度改造，沿岸形成生态湿地，净化水体的同时，成为南北两区的有机过渡区。两岸沟通，采用临水栈道，轻盈、自然，亲水性强。河边景观亭下设泵房，丰、枯水期，通过乔司港水位调节，实现园区水循环。

因地制宜构建特色水景、中心水面、音乐喷泉、沟谷溪涧、小溪跌水、池塘浅湾、小桥流水。动、静水结合，既契合"水景公园"多样水景游赏特色，为公园增添了无限生机；又满足不同人群游赏需求，同时"一水多景、一水多用"，实现水体调节小区域生态环境的功能。

（三）地下停车与景观覆土处理

根据公园需求，设计结合实际环境，分设两处地下停车库。根据库顶覆土及通道坡度要求，以及景观造景需要，覆土厚度最大达3m。经

图3

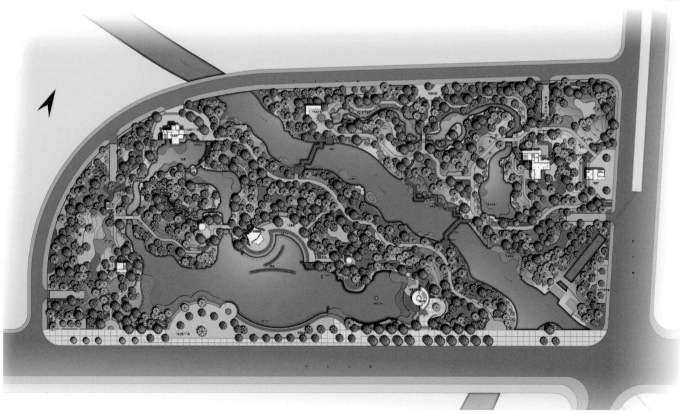

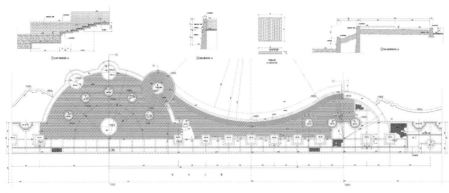

图 4

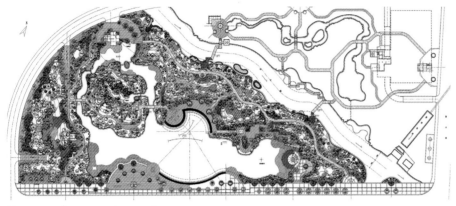

图 5

■ 图 4 "水之情"广场平面图
■ 图 5 绿化平面图
■ 图 6 草坪运动区
■ 图 7 世纪大道林荫道
■ 图 8 码头赏水

图6

图7

精准核算，既保证建筑结构要求，又实现了设计师的意图，一处"大隐隐于市"的市民生态公园，给身处闹市的人们以别样感受。

（四）强调康体生活构建

通过开合有致、动静结合的多样休憩空间，其间设置健身娱乐设施，配合宜人的景观，极大地满足余杭市民休闲娱乐、健身康体活动与对高品质城市环境的需求。

重视植物景观的特色创造、林园线节奏与韵律、群落种植，调节小区域环境，选用乡土植物，更具特色。

三、景观功能分区

在规划目标和规划理念的指导下，形成规划方案，并建设七大功能区块。

（一）城市水景廊

余杭是一个高速发展的地区，有独特的气质与生命力。城市水景廊分区正是基地与余杭主要城市发展轴——世纪大道的交接区域，因此沿线的绿地设计也相应地以开敞的城市景观段为主。设计中的城市水景廊将都市生活中五彩斑斓、多姿多彩的片段与水景巧妙地结合在一起。

（二）喷泉码头赏水区

全园的水面视觉中心是观赏大型水景的绝佳区域。水面表演区域设计结合高科技，组织大型喷水景观，结合夜景照明技术，气势恢宏。此处既成为水景园的核心赏景区，同时也有相应的休憩设施，如休闲亭、亲水台阶等，此区域成为水景园的主要活动区域。

（三）溪涧静思区

林间水涧与秀丽闲亭为全园制高点，山顶塔旁堆石设置涌泉小景，形成林间自然的水涧。在嬉水小涧浅浅的水面可以看到水中的小石，是与水嬉戏亲近、体味自然的好场所。林间树林缓坡场地可供人休憩静思。

（四）游憩戏水区

二期工程西北部，结合场地现状，设计潺潺溪流，并构筑"生肖广场"、旱喷泉，后者用作景观水体补充水源。

（五）休闲茶室区

流水与茶室和堆山草坡形成背景，并以此构筑

图8

亲水平台，与休息茶室组合成为一景。这样的设置也形成了良好绿化中适量的商业餐饮区域，更适于市民、游客休闲使用。

（六）生态河道区

此区域是全园主要的自然空间静态休憩区，包括多样化的自然生态设计，有生态溪岛、休闲栈道。水面或深或浅，或平或仄，弯曲有致，河畔绿柳袅袅，是休闲散步的好去处。

（七）草坪运动区

草坪剧场可以进行娱乐休闲等各类活动，包括放风筝、野炊等，服务于周边公共建筑及居民。此区域是自然景致中的开场活动区，与其他静态景观区域相配合，为市民、游客提供休闲活动的自然游憩地。

四、绿化设计

（一）设计原则

绿化设计遵循以下三大原则。适地适树原则；乔、灌、花卉、草坪与常绿树、落叶树合理配置原则；布局以规则式为主，周边辅以自然形式原则。

（二）树种配置

1. 背景树

香樟、独干桂花、法国梧桐、广玉兰、枫香、柳树等。

2. 点景树

紫玉兰、刺槐、枫树、榉树、海棠、樱花、梅花、银杏等。

图 9

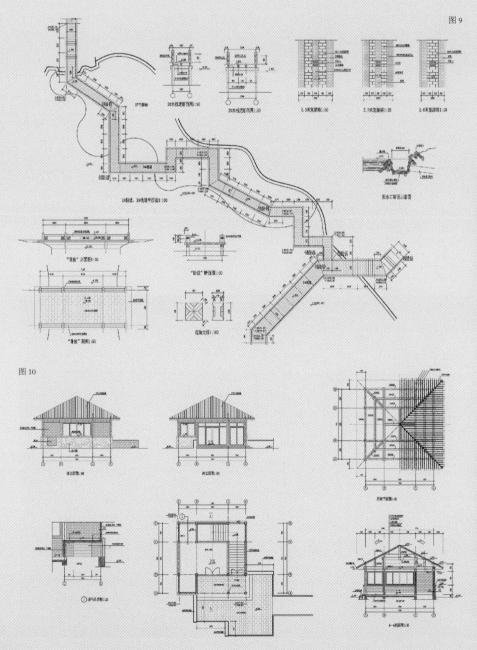

图 10

图 11

图 12

图 13

3. 小乔木及灌木

木芙蓉、黄杨、龙爪槐、紫薇、西府海棠、八仙花、茶花、海桐、夹竹桃等。

4. 地被、草皮及棕榈类

韭兰、马尼拉草、棕榈、松叶牡丹、丝兰、鸢尾、麦冬、美人蕉等。

5. 水生植物类

睡莲、水葱、花叶水葱、荷花、睡莲、菱、伞草、千屈菜、香蒲、黄菖蒲、王莲、花菖蒲、石菖蒲等。

6. 色叶植物及花灌木

红叶小檗、金叶女贞、杜鹃、火棘、绣线菊、玫瑰、黄叶假连翘、迎春、彩叶草、一串红等。

五、结语

城市绿地是城市的"绿肺"。余杭区水景园设计与建设除了充分结合水体进行生态环境塑造、挖掘地域历史文化、再现江南水乡多样化水景风情外，极力营造生态良好、环境优美的城市水体绿地。

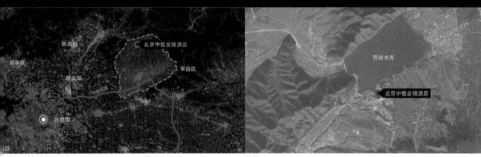

07

北京中信金陵酒店景观设计

设计单位：中国城市建设研究院有限公司
项目负责人：谢晓英、张琦
主要设计人员：瞿志、周欣萌、张婷、李萍、杨灏、王欣、颜冬冬、雷旭华、欧阳煜、赵惟佳
参加人员：宋歌、华玉亮、邢飞飞

图1

一、项目概况

北京中信金陵酒店坐落在北京平谷区西峪水库东南半山之上，酒店建筑背山面水，分为山下的运动休闲区、山腰的主体建筑群及山顶的高级套房区。景观设计对象主要为建筑周边山体和湖区，设计面积10.63hm²。

从当地的现有条件看，山水景观良好，视野开阔。酒店设施建造过程中山体大规模的开挖对原有生境造成了程度不等的损伤，其生态环境有待修复。此外，酒店建筑体量较大，并有大量台阶和室外消防疏散通道，需与周围山体有较好的融合。还考虑到五星级酒店必须营造独特的自然环境和场景意境，可居可游，才能拥有吸引力和持久的竞争力。

二、设计理念

项目区位依山傍水，建筑设计希望整个建筑群能够如磐石般错落叠置于山坡上，背山环抱一汪湖水，构成依山观水之势。

景观设计则延续了建筑设计方的设计理念，并更加重视周边自然环境与建筑之间的关系。打破人与自然、人工与原生态间的界限，使景观设计以"无我"境界存在其中，将建筑与山地生境融为一体，相得益彰。

同时，富于创意地借鉴中国传统艺术的精髓，尤其是传统山水画的艺术手法，就地取材，因地制宜，既实现了生态环境的修复与改善，又营造"环境如画，人在画中"的境界，恢复与创造诗意化的山水园林景观，构建良好而丰富的生态系统。

图2

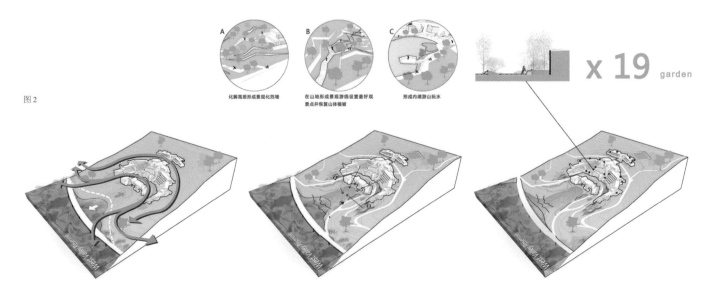

建立联系　　　　　　　　　　化解高差、设计景观游线　　　　　　　　化解建筑体量

Rain

（蓄水洼地）

扩大湖景，景观湖体收集雨水

建筑屋面雨水收集

地形重力汇水

自然渗透

局部生物滞留地

（临时汇水）

渗透

水WATER

图3

■ 图1 项目区位
■ 图2 通过设计，弥合与重建自然环境和
建筑之间的关系
■ 图3 扩大湖景，建立山地雨洪管理系统
■ 图4 北京中信金陵酒店景观剖面图
■ 图5 北京中信金陵酒店总平面图

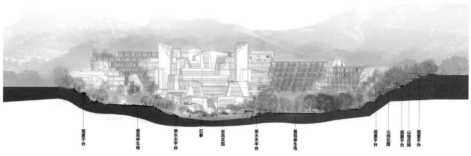

图4

图5

1. 滨湖木栈道
2. 休憩草坪
3. 室外泡池
4. 景观停车场
5. 山地花园
6. 观景平台
7. 庭院
8. 屋顶花园
9. 主入口水池
10. 公园式道路
11. 石亭

0 10 20   50m

三、建筑融于风景的中国山水画境

（一）扩大湖景，营造天然图画

酒店坐落的山坡之下原为一片淤塞的洼地、泥塘，周围生长着野生的柳树、槐树。项目梳理淤泥和植被，将水库水引入至山脚，扩大了湖景。运用传统园林艺术"借景"的手法，将西峪水库的湖景和远处山景融入场地。梳理后的周边地形、保留的现有植被和生态驳岸，将景观湖与周边环境融合，形成一幅天然的图画。

（二）通过园林设计手法将建筑的功能性载体景观化

项目通过景观设计手法将客房区各层的室外疏散楼梯，转化为错落于山坡间的坡道、游径与观景休闲平台，并与挡土墙及植被组成山地花园。同时依照山、水、建筑及周边环境的视线关系形成不同视觉场景的景点与观景点，并与步行路径串连成系统的游赏路线。

（三）将自然风景引入内庭设计，丰富酒店活动场所

延续山地设计手法，让自然渗透流淌到建筑之中，建筑与山林穿插交融。木地板沿建筑的轮廓线从地面掀起，形成折面，组成挡墙、花池、树池及座椅，有利于游人远离危险地带，聚拢在安全且视觉良好的区域。此外，多样化的场地可以举办各种形式和规模的活动，为酒店带来经济收益，将场所转化为生产力。

图 6

■ 图 6 景观湖建设前后对比图
■ 图 7 从酒店望向西峪水库
■ 图 8 从景观湖亲水平台望向西峪水库
■ 图 9 山体建设前后对比图

图 7

图 8

图 9

四、艺术手法的生态修复

（一）景观湖与山地雨洪管理系统

由于山地地形的特殊性，普通雨水管不能够完全合理地解决山地环境的雨洪问题，而景观湖具有重要的集蓄雨水的功能。山体汇流的雨水经由建筑屋顶花园、庭院、透水路面、生态挡墙、水生植物再汇入湖中，延长了地表径流的时间，减缓了径流速度，提高了雨水的下渗率，具有一定的雨洪调节功能。

（二）修复山体，运用生态手段将建筑掩映于自然之中

将生态工程与造景结合，采用生态手段对原有山体进行修复，包括运用石笼生态墙、生态护坡草毯、透水铺装、雨水花园等措施，达到固土、减少地表径流、管理雨水、过滤砂石枯叶、防止水土流失等目的。将当地山石碎料装填石笼，构筑生态挡墙。在挡土墙、建筑外立面种植地

图10

锦等攀缘植物，石笼挡墙内添加乡土攀缘植物及草籽组合，尽可能通过植物生长隐藏人工痕迹，让建筑掩映于自然之中。

（三）适地适树塑造四季景观

在场地内栽植山野植物及岩生植物，达到充分融入山水环境的效果。在项目实施过程中，为其他地方移除的植物提供庇护地，将其移植在园区适宜的位置，担当景观设计师对生态保护的责任。

■ 图10 山地花园
■ 图11 石笼挡墙化解高差，营造诗意化环境
■ 图12 客房区各层的室外疏散楼梯通过景观设计手法，转化为错落于山坡间的坡道与观景休闲平台
■ 图13 建筑内庭院艺术混凝土铺装

图11

图 12

图 13

（四）景观塑造促进生态系统的还原

还原并构建良好而丰富的生态系统，对场地内湿地、中风化岩和微风化岩的水土保持及生态修复、地被野花演替及优化、山体排水和雨水利用等多方面进行了长期的跟踪研究，同时对现场地形的塑造、硬景的形式与位置、苗木与种植点的选择也做了反复推敲，最终确保了整个设计在景观塑造和生态修复之间实现互益共赢。

（五）预制再造石艺术混凝土的应用

在项目庭院设计中应用了预制再造石艺术混凝土（宝贵石艺），这种新型人工合成材料经济美观，并可以大量消化工业废料，具有板薄、质轻、面幅大且抗压抗弯强度高、耐久性好的特点，可以在色彩、肌理、形状、面幅诸方面实现变化复杂的设计意图。设计施工期间，与厂家反复进行材料样板实验，为达到室外铺装坚固和防滑的目的，尝试不同肌理，最终选择地面上的树影作为肌理，使庭院铺装与建筑和周边环境完美融合。

图1

一、项目概况

悦来新城是重庆市两江新区城市建设的核心板块，位于两江新区西部片区中心位置，是国家海绵城市建设的首批试点，在海绵城市建设上具有重要的代表性和示范性。

悦来新城呈现典型的山地丘陵特征，区域内降雨雨型特点为雨峰靠前，雨型急促，降雨历时短，短时形成暴雨或强降雨。地形高差大，地面径流流速快，汇流时间短，一旦发生超标降雨，极易发生内涝。会展公园位于悦来新城国博片区中部，基址土层薄，高程复杂，平均高差40~50m。现状坡度大，大部分区域坡度在9%~20%之间，因而对构建海绵体系的需求更为迫切。

二、设计依据和目标

项目以《悦来新城海绵城市建设总体规划》为主要依据，达到满足海绵城市上位规划的指标要求，构建能够组织场地周边和公园内部的雨水径流走向，实现雨水削峰、污染物削减及资源化利用，达到减少雨水资源流失、控制水体污染和缓解周边区域排水压力的建设目标。

项目在实现公园主要功能的前提下，通过实物展示、科普介绍等方式，全面展示园区雨水利用的各类相关技术和设施，达到改善片区生态环境，发挥公园科普阵地的功能目标。

08

悦来新城会展公园二期景观设计工程

设计单位：重庆市风景园林规划研究院
项目负责人：廖聪全
主要设计人员：任荣志、秦江、樊崇玲、苏醒、华佳桔、向双斌、王锐、李多、冯晓岭、谢玉玺
参加人员：魏映彦、邹聚智、曲文文

图2

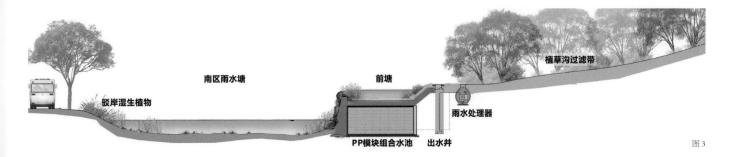

驳岸湿生植物　　　南区雨水塘　　　　　　　前塘　　　　　　　植草沟过滤带

雨水处理器

PP模块组合水池　　出水井

图3

三、设计思路与策略

（一）设计思路

1. 因地制宜地采用经济合理的雨水回用方式

悦来新城会展公园位于高回填区，其坡度大，雨水流速快，因而海绵城市建设在保证公园自身结构安全的前提下，以减缓雨水流速和净化初期雨水为主要目标。雨水回用方面，由于重庆地区实际上并不存在水资源短缺问题，因而选择尽可能经济合理的回用方式和回用比率，力求以最小的资金投入取得最佳的建设效果。

2. 海绵设施的建设与生态、景观功能需求相结合

项目的海绵设施建设与生态、景观功能需求充分结合，在提升生态效益的同时，保证公园游憩观赏等基本功能，形成具有生命力的城市水生态系统。

■ 图1 相对区位示意图
■ 图2 山顶生态塘
■ 图3 南区雨水剖面图
■ 图4 南区雨水塘

图4

图 5

（二）设计策略

1. 合理确定公园积蓄容积

从区位上来看，会展公园四周为市政道路和开发用地，硬地面积较大，片区雨水消纳压力大，但项目在构建公园海绵体系的过程中，并没有简单地将会展公园作为片区的雨水收集绿地来设计，而是通过对公园需水量的分析，计算最佳雨水收集效率，再确定公园的雨水积蓄容积，从而确保公园收集的外来雨水不会影响公园游憩等基本功能的实现，并严格控制外来雨水的来源，杜绝污染严重的雨水进入公园，影响园内植物的正常生长。

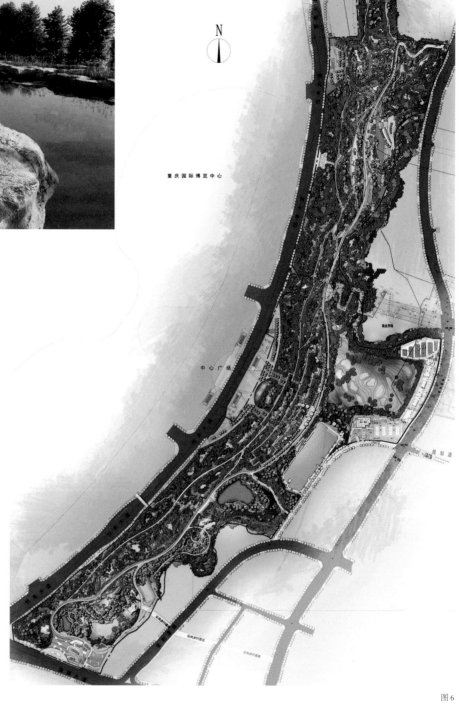

图 6

■ 图 5 北区雨水塘
■ 图 6 总平面图
■ 图 7 与花海结合的生态草沟
■ 图 8 与园路结合的生态草沟

2. 顺应公园地形地势，构建雨水收集回用体系

（1）顺应地势总体特征分段调蓄雨水

公园地势总体呈东南向西北方向逐步提升的特征，其制高点位于公园中部，高程324.5m。依据公园场地走向与现状，项目根据整体指标控制要求对公园下垫面及径流特征进行模型模拟，提出分段调蓄策略。公园南北两个片区分别利用地势较低的场地、水塘形成公园雨洪调蓄的主要区域，结合道路和场地坡度确定主要径流方向，采用"雨水景观塘+集水模块"集成的模式，形成两个相对独立的雨水收集回用系统，实现雨水的滞蓄、净化和回用。

（2）遵循高收低用原则构建雨水回用体系

雨水回用区域覆盖全园，划分为三个泵区，建成后其雨水资源利用率达21.5%。雨水回用体系首先遵循高收低用的原则，管网铺设依托地形走势，充分节约能源；其次，收集的雨水经过水泵提升，进入埋地一体式处理设备，经紫外线消毒、沙缸过滤，最终回用于公园相应片区的绿化浇灌及道路冲洗。

图7

图8

图9

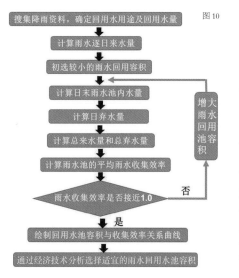

图10

（3）利用现状地形特征构建阶梯式"拦水"海绵体

公园整体海绵系统利用现状地形特征，依山就势形成阶梯式"拦水"海绵体。以公园南区为例，南区地形中部高两端低，据此划分出的两个汇水区域在各自的最低点产生了集流池——山顶生态塘及南区雨水塘，通过泵、植草沟（1735m）、雨水花园（5328m²）、湿塘（4689m²）等多种方式将两大水体联动，实现水体循环。山顶生态塘的水可以通过水泵将水提升至片区高点后，利用高差，通过植草沟、湿塘、雨水花园等转输至南区雨水塘；南区雨水塘模块内的水可经泵提升回补山顶水湾水体，形成南区两个

蓄水体间的联动。

3. 海绵设施布局与公园景观有机融合

公园海绵设施的布置充分考虑了和园区景观的融合，在提升生态效益的同时，保证公园游憩观赏等基本功能的实现，形成"山顶生态塘—生态草沟—雨水塘"有机结合的水生态系统。公园南区的山顶生态塘，种植了花叶芦竹、芦苇、再力花等多种观赏效果良好的水际植物、水生植物净化水体，增设临水栈道、景观平台丰富景观效果；连接公园水体的生态草沟形态各异的卵石铺设，内侧配置黄菖蒲、铜钱草等耐旱耐水湿植物，两

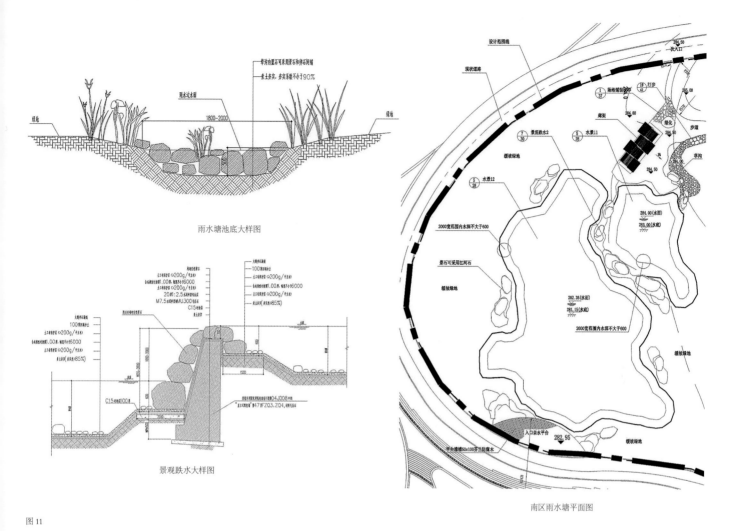

雨水塘池底大样图

景观跌水大样图

南区雨水塘平面图

图 11

图 12

侧配置宿根天人菊、黑心菊、大滨菊、火星花、柳枝稷、银边芒等多种抗性强、观赏效果佳、管护成本低的宿根花卉和观赏草类植物营建旱溪花境，营造四季花开不断、五彩斑斓的精致景观，成为人们亲近自然、放松身心的理想之所；南区雨水塘结合场地高差设计为景观跌水，水深 0.7 ～ 1.5m，蓄水量不足的部分依托水塘下方的集水模块得以补充，同时设计公园内最大的开敞草坪，为市民提供休闲游憩场所。

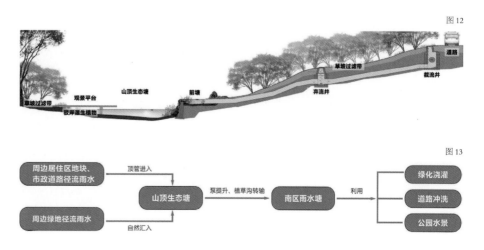

图 13

09

滨州北海明珠湿地公园

设计单位：天津市园林规划设计院
项目负责人：陈良、周华春、毕艳霞
主要设计人员：丛林、崔丽
参加人员：扈传佳、王高峰、韦立、尹伊君、李凤敏、王倩、常志君、胡仲英、张歆琪、王悦

一、项目概况

这片占地113hm²的土地，位于滨州北海新区，是渤海湾西南岸的重盐碱退海之地。场地被新区南部一条东西向的城市河流隔断。在整个区域，重盐渍化不仅侵入每一寸土地，甚至侵入每一方空气里。第一次接触这片土地时，眼前是生命凋零、了无人迹、泛白的土地和大片红色的碱蓬。

二、解读规划和场地生态

该场地在城市总体规划中，定位为新区最大的生态斑块，北海明珠湿地公园将是城市活动与生态保育的过渡斑块，是最重要的候鸟栖息地。因此，如何将重盐渍化的不毛之地，进行湿地型生态化重建与修复，并实现场地的低维护和可持续，最终建成一个以候鸟栖息地为主要功能的湿地公园，是该项目的主要设计目标。

（一）由不毛之地到生机盎然的鸟类栖息地湿地公园

1. "高林低水"的山水格局

场地内是典型的滨海盐碱地貌，地下水位之高，以至土壤毛细作用导致严重的土壤返盐而无法满足本土种植植物的需求。以常规的引客土、铺设排盐层的做法，则大大提高成本，这不是

图1

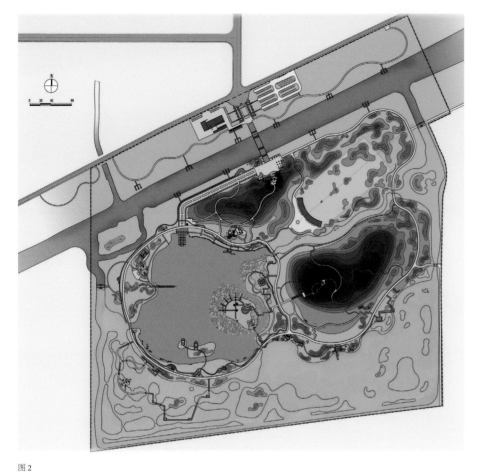

图2

一个自然生态栖息地所需要的模式。于是，提出"塑地形，理水系"的构思，运用低降高抬的方式，低处挖土成湖、成渠，挖土移至高处，高处的地形抬高成台，超出土壤毛细作用高度，无需排盐处理即可栽植成林。整体形成了"旱地—湿地—池塘"的山水格局。实现雨季地表径流流经旱地—湿地—池塘，旱季池塘水源反哺林地。如此"高林低水"的山水格局反映为数据即为：S 水域 :S 林地 =1：2.5（面积之比）。提出的"高林低水"格局，是契合场地的，主要基于三个因素，分别是场地坑塘密度、滨州乡土台田技术，以及人与自然的关系在土地上的投影。最终，公园有 70% 的场地为"高林低水"格局，解决了土壤盐碱及种植问题。仅极少数区域运用传统的排盐处理方式，有效控制了成本。

2. 基于空间异质性和斑块性的生态格局

空间异质性是自然界最普遍的特征，是生态构建要考虑的核心内容。项目的生态修复与重建基于空间异质性及斑块性，并结合竖向的梯度变化，进行生态格局构建，形成不同尺度、不同生境类型的大小斑块组合，结合道路规划、种植规划，形成斑块间的连接、过渡廊道，构建了斑块—廊道—基底的滨海盐碱区域生态格局。

图3

图5

图4

3. 生态适宜性评价确定排盐分级

依据公园生态斑块类别，对公园绿地进行分级，仅对局部敏感性区域进行排盐处理，其他区域均根据耐盐碱程度差异，进行植物群落构建，实现排盐区域最小化，控制整体造价。

4. 通过提高植被覆盖率、规划混交林等防止土壤返盐退化

整体种植规划中，通过植物品种选择、保证最大植被覆盖率，采用以块状混交林为主、以株间混交林为辅的种植模式，提高种植层次，有效防止土壤返盐退化。

图6

■ 图6 乡土花卉与园路相遇
■ 图7 种植规划一期局部平面
■ 图8 种植规划二期局部平面
■ 图9 浅水岸栈道
■ 图10 引鸟装置详图
■ 图11 自然栖息地各种水禽、鸟类

图9

图7

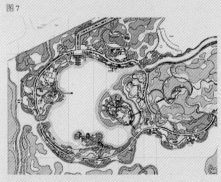

图8

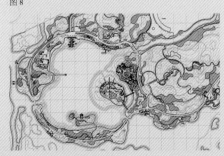

（二）鸟类栖息地重建

提出基于鸟类习性特征的引鸟策略，实现鸟类栖息地重建。

1. 浅水生境营造

浅水生境适宜鸟类生存，项目通过设计多元化近岸浅水区域自然驳岸和栽植鸟嗜水生植物等方式满足引鸟种类多样性需求。

在与树林、灌丛等相隔一定距离处设计近岸浅水区域，分别控制水的深度在10cm、15cm、20cm不等，形成不同水深环境下的生境，这些不同水深的生境以及沿岸滩涂地，分别满足不同种类鸟类的栖息需求，实现鸟种类的多样性。

在水岸基底增加部分沙石，并结合采用坡度小于1:10的自然缓坡和软坡为主的驳岸，增加水陆过渡带，建立湿地斜坡水岸生态系统，为鸟类提供最大范围的觅食活动场地。

利用裸露滩涂种植鸟嗜水生植物和耐水湿植物，浅水区挺水植物、沉水植物覆盖率以40%～60%为宜，片植为主。

2. 鸟嗜植物配置

在不同类型的栖息地种植具有核果、浆果、梨果及球果等肉质果的蜜源植物、鸟嗜植物，同时满足鸟类筑巢、隐蔽等行为需求。根据群落特征，将湿地内鸟嗜植物分为五类（表1）。

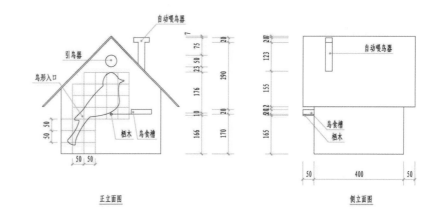

正立面图　　　　　　　　侧立面图

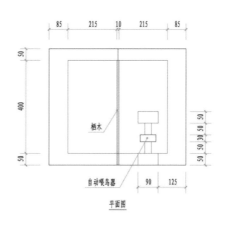

平面图

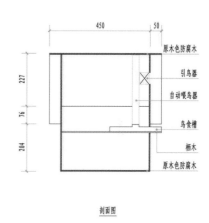

剖面图

图10

图11

3. 筑巢引鸟

沿着水流的方向，根据招引对象的体型大小和营养特点，安置不同类别的设有语音引鸟器和自动喂鸟装置的新型鸟巢，并定期进行人工维护。鸟巢放置基于以下原则：选择隐蔽性高的高大乔木；悬挂高度在 4m 以上；巢与巢之间的距离不得少于 50m；洞口朝南且背风悬挂；选用实木、稻草等天然材料。

4. 成果

公园建成后，已经吸引的鸟类有 20 余种，包括白鹭、鸬鹚、海鸥、白天鹅、翠鸟、黑天鹅、啄木鸟、小天鹅、松莺、疣鼻天鹅、白鹤长尾雉、冠鹤、白枕鹤、灰鹤、翘鼻麻鸭、赤麻鸭、斑头雁、鸿雁等。其中，珍稀品种有鸬鹚、翠鸟、白鹭、鸿雁、松莺、啄木鸟、冠鹤。

（三）因地制宜构建设计指标体系

项目在设计初级阶段，就概念设计与业主多次沟通，形成《北海明珠湿地公园规划设计指标体系》，以指标体系为目标导向进行方案设计，此体系涵盖了公园设计的各个方面，指标体系体现了北海开发区本土的地域特色，实现了指标体系与后续设计方案的联动和统一。指标体系主要包括耐盐碱植物指数、本土植物种指数、水生植物覆盖率、绿化覆盖率、常水位以上水生态岸线比例、水环境质量（引面率、间歇性水淹区指数、水系导性指标）、游客禁入的野生动植物栖息地比例、非传统水建筑比例、无障碍设施覆盖率、太阳能灯具使用率、可持续排水源利用率（引导性指标）、绿色系统覆盖率（引导性指标）、园区垃圾（含水面垃圾）分类收集率等。（详细指标详见表 2）

■ 图 12 湿地内各种鸟类（一）
■ 图 13 湿地内各种鸟类（二）

图12

图13

表1 通过不同植物群落引鸟

群落类型	植物种类	配置原则	群落特征	常见活动其中的鸟类
乔木类群落	榆树、杜梨、桑树、桃树、杏树、樱桃、拐枣、苦楝、龙柏、云杉等	选用大量高大的乔木，运用大乔、中乔、小乔错落设计，尽量自然成林	安全性好，挂果植物种类较多，较为密闭	黄腰柳莺、喜鹊、斑鸠、白头鸭等树冠集群鸟类
灌木类群落	小檗、酸枣、金银木、枸杞、卫矛、海棠、野花椒等	注重开敞空间设计，复杂化周边生境，避免人为干扰	色泽丰富，种植密度大、盖度大	鹊鸲、画眉、白眉鹛、绿翅短脚鹎等地面集群鸟类
乔灌类群落	前两类结合	疏与密结合，提高景观异质性	空间结构丰富，景观多样化，受季节影响小	红头长尾山雀、红嘴蓝鹊、鹊鸲等
草坪类群落	五叶地锦、野蔷薇、忍冬、山葡萄等种类丰富的缀花草地	适当增加水平生境多样性，营建边缘植物群落	郁闭度小，人为干扰较强	白鹡鸰、麻雀、白头鸭、珠颈斑鸠、大山雀、红嘴蓝鹊等
水域类群落	水葱、萍蓬、菖蒲、茭白、千屈菜、芦苇、芡实等	堆筑绿岛	水中堆砌岛屿，水域类景观异质性程度高	普通翠鸟、灰头鸥、白眉鹛、白鹭、夜鹭等部分游禽、涉禽和鸣禽鸟类

表2 指标体系释义与目标值

指标类型	指标释义	目标设定
耐盐碱植物指数	园内耐盐碱植物占全部植物物种的百分比	≥ 0.95
本土植物种指数	园内本土植物种占全部植物物种的百分比	≥ 0.80
水生植物覆盖率	园内水生植物面积占总面积的百分比	≥ 0.15
绿化覆盖率	园内绿化覆盖面积占总面积的百分比。绿化覆盖面积是指园内乔木、灌木、地被等所有植被的垂直投影面积，乔木树冠下重叠的灌木和草本植物不能重复计算	≥ 0.55
常水位以上水面率	园内常水位以上水面积占总面积的百分比	≥ 0.35
间歇性水淹区指数	指园内常水位以下、间歇性水淹区面积占总面积的百分比	≥ 0.08
水系生态岸线比例	生态岸线长度占全部水岸线长度的百分比	≥ 0.99
水环境质量（引导性指标）	园内地表水环境质量状况	水环境质量达到功能区标准，无IV类以下水体
游客禁入的野生动植物栖息地比例	园内游客禁入区域占总面积的百分比	0.20
非传统水源利用率（引导性指标）	园内非传统水资源使用量占总用水量的百分比。非传统水源包括再生水、雨水、海水淡化等（中水、雨水回收）	≥ 0.40
绿色建筑比例	是指园内符合绿色建筑要求的建筑占建筑总量的百分比。绿色建筑是指在建筑的全生命周期内、最大限度地节约资源（节能、节地、节水、节材）保护环境和减少污染，为人们提供健康、适用和高效的使用空间以及与自然和谐共生的建筑（参见住建部《绿色建筑评价标准》）。	=100%
无障碍设施覆盖率	园内道路、公建等设有无障碍设施的比例	=100%
太阳能灯具使用率	园内太阳能灯具占所有照明灯具的百分比	≥ 0.60
可持续排水系统覆盖率（引导性指标）	园内采取可持续排水理念开发的用地面积占总面积的百分比。可持续排水系统包括渗水铺装、雨水回收等	=100%
园区垃圾（含水面垃圾）分类收集率	园内实现分类收集的垃圾占垃圾总量的百分比	=100%

一、项目概况

星愿公园地处上海国际旅游度假区核心区的中心位置，总占地面积约 60hm²，其中湖域面积 49 hm²，陆域面积 11hm²。公园位于迪士尼主题乐园（一期）的南侧，基地呈带状环布于星愿湖的东、南、西三侧，与主题乐园、地铁迪士尼站、迪士尼小镇、迪士尼乐园酒店、通勤船船坞、备用发展用地等不同性质的项目相接。项目自 2011 年正式启动，至 2016 年 3 月完成工程总体竣工验收并交付使用。

二、设计理念

（一）童趣心未泯

灵感来自于迪士尼与皮克斯公司合作拍摄的 3D 电脑动画片《虫虫总动员》。片中对昆虫们在森林中的拟人态生活做了极富想象力的描摹。由此，公园景观设计的初衷之一便是盼望游客可以像动画片中的昆虫那样无忧无虑，重拾童真友善的心境。

（二）自然心未泯

通过公园的建设，希望创造一个为人们展示纯粹生态气息的自然场景。当城市快速发展，城市居民期待逃离都市喧嚣的时候，希望它能够使人们像森林中的昆虫那样，本能地享受自然界的馈赠，重新获得和自然之美的共鸣。

由此引出星愿公园的设计理念和定位——是一

10

上海国际旅游度假区核心区湖泊边缘景观项目（星愿公园）

设计单位：华东建筑设计研究院有限公司
上海建筑装饰环境设计研究院有限公司
项目负责人：张淑萍、应博华、李佳毅、何鉴
主要设计人员：何蓓蕾、王维薇、陈炜、孙俊刚、周丹丹、殷唯佳、季菁、陈恺、李挺

图 1

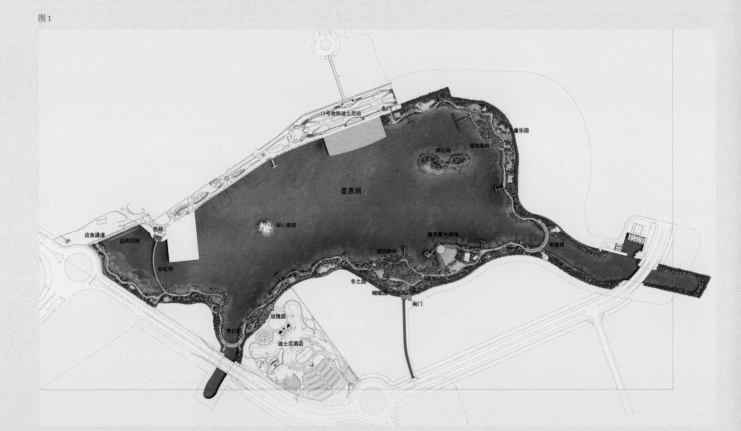

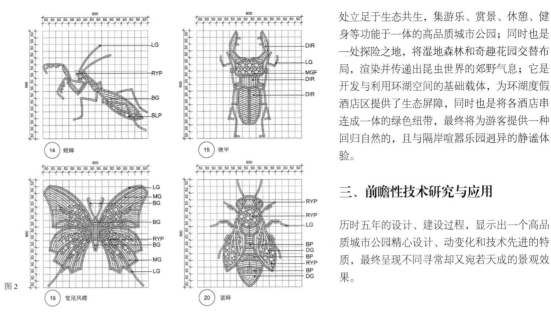

图2

⑭ 螳螂

⑮ 锹甲

⑲ 宽尾凤蝶

⑳ 蜜蜂

处立足于生态共生，集游乐、赏景、休憩、健身等功能于一体的高品质城市公园；同时也是一处探险之地，将湿地森林和奇趣花园交替布局，渲染并传递出昆虫世界的郊野气息；它是开发与利用环湖空间的基础载体，为环湖度假酒店区提供了生态屏障，同时也是将各酒店串连成一体的绿色纽带，最终将为游客提供一种回归自然的，且与隔岸喧嚣乐园迥异的静谧体验。

三、前瞻性技术研究与应用

历时五年的设计、建设过程，显示出一个高品质城市公园精心设计、动变化和技术先进的特质，最终呈现不同寻常却又宛若天成的景观效果。

图3

■ 图 4 驳岸种植土换填断面图
■ 图 5 实施泥结碎石工艺后的休憩广场
■ 图 6 湿地杉林实景图
■ 图 7 蝴蝶园平面图
■ 图 8 种植平面图

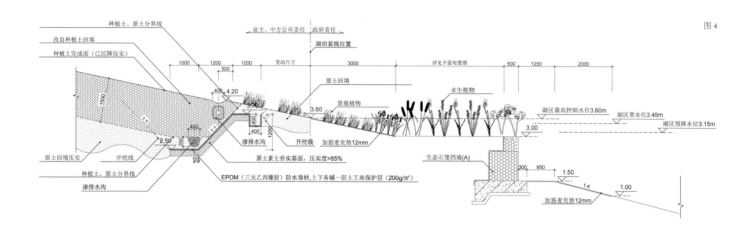

图 4

图 5

（一）种植土壤的理化性能改良

项目对植物栽植和养护水平等方面提出了高要求。鉴于此，在对种植土理化性能的改良方面，做出了如下的技术处理。

1.改良土壤的原材料

原材料包括泥（草）炭、黄沙、有机肥、石膏及表层原土。在改良过程中罗列了多达30项的化学数据作为参控指标，主要包括酸度、盐度、氯、钠吸附比、有机质含量、碳氮比、发芽指数、重金属含量等。

2.改良配方土渗水性能

根据项目的地下水位和地下土层情况，在对种植土物理结构的改良中，按实验配比掺入了黄沙。

(1) 土壤质地：沙质壤土或壤质土，结构良好，排水性良好，保水保肥能力适中。

(2) 渗透系数：25～300mm/h。

(3) 土壤容重：<1.3g/cm³。

(4) 通气孔隙度：>15%。

(5) 覆换有效土层：1.5m。

（二）结构土壤

结构土壤亦称泥结碎石，它是用级配砾石＋黏土＋凝胶稳定剂按一定配比搅拌合成，摊铺之后分层压实，形成一种既能满足树穴植株根系生长需求，又能符合树穴周圈地坪承载要求的基础介质，使植物生长和人类活动得以兼顾。

（三）容器苗技术

由于工程建设所设定的高标准，园区内所有植材供应均采用了容器苗。虽然采购成本高昂，但其经济效益和生态效益将在公园建成之后逐步显现。

图6

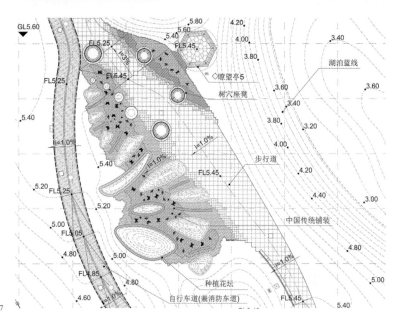

图7

图8

容器苗的优势如下。

(1) 移栽的成活率高，尤其是与改良种植土配套使用。

(2) 栽植后，根系的恢复能力比较强，生长速度明显快于地苗。

(3) 植株形态自然、主干挺直、树冠饱满、开枝匀称，树叶分布不易偏冠、偏蓬。

（四）科学种植的参数化控制

项目在种植设计时，通过简单的参数化控制，力求在植栽的建成效果与日后的科学性生长间达到平衡。

(1) 确定公园整体绿植风貌，筛选出能够体现设计意图的苗木品种。

(2) 将上述品种根据规格分档，并按实际蓬径大小，绘制专属规格图例。

(3) 按速生和慢生的生长特性给植物品种分类，在苗木图例外，分别加套十年长成控制线同心圆圈。在绘制种植平面时，确保任意 2 棵树的十年长成控制圈大致相切，且不会发生重叠或搭接。

图 9

■ 图 9 星愿公园细部
■ 图 10 悬索桥实景图
■ 图 11 植物群落初具规模

在初期管护的时间段内，整个公园的绿植效果已超预期，更期盼五年、十年之后，呈现"万类霜天竞自由"的景象。

（五）悬索桥

星愿公园被河道分成了三段，为将环湖步行系统连为一体，在河道之上添设了2座悬索桥，两座桥的形制相同，只是体量上有大小之分，东桥是同类型桥中的世界之最，其正式的工程称谓为：弧形平面—单侧吊挂—空间悬索（步行）桥。其技术特点如下。

1. 该桥拥有主副两层桥面，悬索吊挂主桥面（6m宽），主桥面再用受力杆件悬挑支撑副桥面（3m宽），造型优美，形态舒展。

2. 主副桥面在标高上设有落差，在桥身中段利用上述高差，布置看台式阶梯座凳，游客坐在桥上便可一睹对岸乐园中绚烂缤纷的烟火表演。

3. 副桥面为全透明玻璃地坪，行走其上能够产生"凌波微步"的空凌与幻象。

4. 整个桥体采用钢材和玻璃构造，夜间以高色

图10

图11

温的艺术泛光照亮，使机械与高科技的时代美感愈加强烈。

四、结语

历时近五年，2016年5月20日星愿公园与迪士尼乐园的迪士尼小镇试点运营，先期向市民和游客免费开放，迎来如潮好评，它已经成为上海国际旅游度假区迪士尼主题乐园外最为亮丽的风景。

这里的生态系统正在形成，虽然建成仅仅一年，却俨然已经成为动植物的天堂。湿地森林郁郁葱葱，花境遍地水植丰美；各种不知名的水鸟，在清澈的湖面上悠然徜徉；风声中伴着虫鸣，飘荡在清新的空气中……

11

北京市石景山区 2015 年
绿化美化工程——小微绿地更新

设计单位：北京北林地景园林规划设计院有限责任公司
项目负责人：张璐、麻广睿
主要设计人员：吴婷婷、赵睿、卞婷、项飞、李凌波、张婧
参加人员：翟源、李军、王斌、马亚培、朱京山、杨子夜、李志鹏

图1

一、项目概况

项目位于石景山区，涵盖北京市石景山区大部分城市重点区域，目标为石景山区绿地景观的整体提升，是石景山区由传统工业区向现代化首都新城区转型的示范性景观工程，是石景山区建设"国家级绿色转型发展示范区"目标的重要工程。

项目的规划设计全面整合各类小微绿地，提升城市环境品质，构建城市绿色网络，恢复城市活力，推动城市复兴。

项目主要包括：二管厂保障房代征绿地、高井绿地、中关村科技园绿地等8处公共绿地，八大处路南段沿线改造、莲石路沿线绿地改造等11处道路绿化，上庄东街中段绿地建设工程、西山枫林四区代征地绿地等21处边角绿地改造，八角北里公共区域等3处老旧小区内外环境综合治理，总面积34.22hm²。

二、规划理念及创新点

石景山区依山傍水，拥有丰富的林地资源和浓厚的历史文化积淀，然而随着城市的不断发展，建设用地不断地侵蚀山林绿地，老的工业区伴随着污染，使城市的环境品质逐渐下降。近年来，随着首钢涉钢产业搬迁调整，石景山正面临着从传统工业区向现代化首都新城区转型的挑战。城市复兴进程中，不同等级、不同类型的城市公共空间的改造正逐渐完善城市结构，重新给城市注入活力。

本次规划设计以城市"更新织补"为理念，提升现有城市绿地的品质，修复被割断的绿地系统。将城市中小微地块建成有特色的小型精品绿地，成为百姓身边的"口袋公园"，实现居民出行"300米见绿、500米入园"的要求，

为周边居民提供便捷舒适的绿色活动空间。通过拆违建绿、树池连通、见缝插绿、立体绿化等措施，拓展绿色空间，让绿廊成网、绿网成荫。同时修复城市设施、空间环境、景观风貌，提升城市特色和活力，推动城市复兴。

三、设计布局及结构

从2014年开始，逐年参与散布在石景山各个区域的地块建设，城市重要"穴位"的公共绿地被重新包装升级，新建和改造面积共计从几百平方米至数公顷不等。中小微地块建成为有特色的小型精品绿地，城市的脉络逐渐被理顺打通，割裂的绿地系统被修复，城市特色和活力逐渐彰显。

不同于以往按用地性质分类的设计，此次设计将人群的需求、城市各区块的发展走势、城市的影响力强度等作为分类、分级的依据，采取高规格、创新型的设计，展现绿色现代城市的面貌。

图2

图3

图4

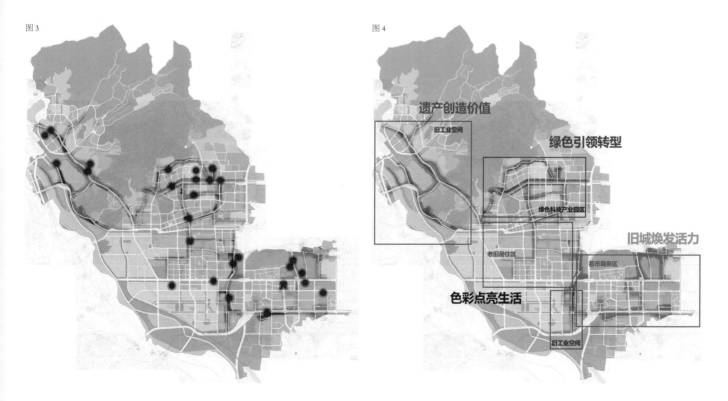

图 5

四、设计理念与技术创新

（一）色彩点亮生活

以高质量的老旧小区、小区公园改造活化旧城区居住环境，全面提升城市环境品质；以老旧小区等的改造提升住宅使用功能和宜居水平，提升存量绿地品质和功能。

（二）旧城焕发活力

激发旧城活力，打破条块分割，拓展公园绿地空间。以现代城市视角出发，打破大院壁垒，将郁闭的空间开放，让居住区更好地融入城市，成为联系各个区域的社会纽带。

（三）绿色引领转型

高质量的绿色环境设计引领老工业区转型。通过改造整治，改变场地陈旧形象，创造功能实用、形式简洁流畅的新技术产业园区环境，带动产业与生活的互动发展，提升城市区域形象。

- 图 5 色彩点亮老旧居民区生活健身场所
- 图 6 菠萝格栅隐喻石景山地形环境
- 图 7 新公园改变了街区原有的沉闷气氛，增强了城市各功能空间之间的联系
- 图 8 老树的保护
- 图 9 苹果园公园平面图

图 6

（四）遗产创造价值

保护"工业遗产"，利用旧工业空间创造绿色价值。将首钢搬迁后遗留的特色公共空间，改建成郊野公园、带状公园，把城市传统文化保护与城市活力空间相结合，实现废弃地再利用，达到新与旧的和谐统一。

图7

图8

图9

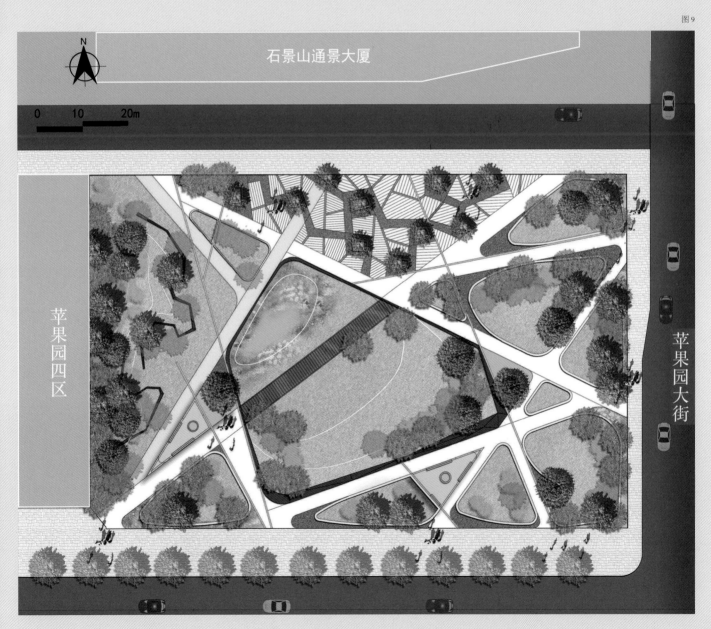

图 10

图 11

1. 色彩点亮生活

晋元庄林带位于石景山游乐园西侧,紧邻八角东街,地块周边遍布居住组团。基地由南北两地块组成,占地面积共 2.6hm²。
引领场地的一条红色活力主线,贯穿南北两大地块,构建晋元庄林带的新景观,给本老旧沉闷的绿地增添了新的活力。

2. 旧城焕发活力

苹果园公园位于地铁一号线西端头,苹果园地铁站附近,面积约 1.2hm²,公园前身是石景山区的一块堆满渣土的待建荒地,周边老区居住建筑林立,设计充分利用这片区域周边复杂的关系,建成宜人的城市公园,使市区这片开放空间重新焕发活力。

3. 绿色引领转型

中关村科技园绿地位于北京石景山区双园路南侧,占地约 38300m²,这块建于 20 世纪 90 年代的公共绿地,虽然硬件已经老化陈旧,但却

图 13

图 12

图 14

拥有着郁闭度极高的现状植物群落。设计希望在不破坏目前植被状态的条件下，打破这个场地以往陈旧平庸的景观风格，带动产业与生活的互动发展，提升城市区域形象，创造功能实用、形式简洁流畅，具有开放性、未来感的新技术产业园区环境景观。

4. 遗产创造价值

石景山高井公园位于首钢原厂址附近，首钢搬迁后，公园南侧 4 个巨大的冷却塔依然在承担部分工作，作为工业时代遗留的特色建筑，设计将城市传统肌理保护与场所新功能的开发相结合，达到新与旧的和谐统一。作为公共空间中超体量的景观元素，用曲线将几个大冷却塔"借"进公园，让老旧的工业建筑形体在新舞台上翩然起舞，保留历史风韵的同时散发时代气息。

五、结语

城市小微公共绿地在土地资源稀缺的高密度城市中心区中尤其显得珍贵，由众多小微公共绿地形成的绿色斑块公园系统，促进了政府和居民之间、行政区块之间、企事业单位之间、社区邻里之间的联系，振兴了城市的空间，支持老城市的再生与复兴。

2017

计成奖

二等奖

146

第十届中国（武汉）国际园林博览会
上海园工程

■ 图1 展园导览图
■ 图2 总平面图
■ 图3 竖向设计图

01

第十届中国（武汉）国际园林博览会上海园工程

设计单位：上海市园林设计研究总院有限公司
项目负责人：周蝉跃
主要设计人员：庄伟、钱成裕、吴小兰、李雯、周乐燕、杨飞、刘妍彤
参加人员：杜安、徐元玮、阮燕妮、陆建、吴诗朗、李肖琼、黄慈一、戚锰彪、王晓黎、袁方

一、项目概况

第十届中国（武汉）国际博览会上海展园，在"设计"的路径和手段里，全面展示生态上海的故事，在主题思想、设计理念、特色景观、创新设计等方面全面呈现。

第十届中国国际园林博览会于 2015 年在武汉举办，园区位于武汉市三环线与府河绿楔交汇处，主场地为长丰地块和已停运的原金口垃圾场，总面积为 213hm²，以"生态园博，绿色生活"为主题。

上海园为园博会南展区城市园的一类展园（S-2-10a 地块），占地面积 3679m²。方案通过设计一个竖向丰富、空间错落的"360 度绿花园"，从常规绿地绿化扩展到屋顶绿化、垂直绿化、半室内绿化等，以展现"美丽上海"的最新成果和理念。

二、设计主题

上海园设计本着从小处着手的定位，结合园博会总主题"生态园博，绿色生活"和上海近期绿化趋势，对上海园进行主题立意，迅速抓

图2

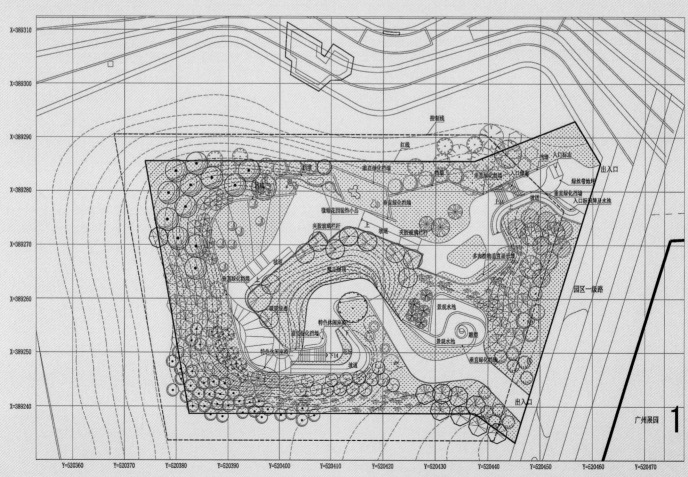

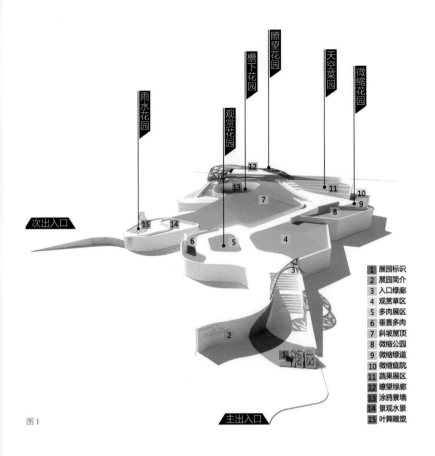

雨水花园

观赏花园

檐下花园

瞭望花园

天空菜园

微缩花园

次出入口

1	展园标识
2	展园简介
3	入口绿廊
4	观赏草区
5	多肉展区
6	垂直多肉
7	斜坡屋顶
8	微缩公园
9	微缩绿道
10	微缩庭院
11	蔬果展区
12	瞭望绿廊
13	涂鸦景墙
14	景观水景
15	叶舞雕塑

主出入口

图1

住了"立体绿化"这个核心词汇。在对上海城市绿化新闻进行了一系列分析后发现，在建设"美丽上海"时，上海建设了一系列屋顶绿化标准试点、城市立体绿化综合示范区，同时在政策上进行支持，拟扩展到减免税费、低息贷款、绿地率有限折算等。上海作为一个寸土寸金，高楼林立的国际大都市，"向空间要绿色"已成为增加城市绿化面积的重要方向。至此，基本确定方案的主题立意为，上海园将建设一个"向空间要绿色，给都市上绿装"的"360度绿花园"，以展现上海近期的建设理念和建设成果。

三、设计理念

上海园对大都市空间进行了生态化探索，经一条时而爬上绿墙、时而变为绿地、时而飘向空中的"360°绿丝带"穿引，在全园设计布置观赏花园、微缩花园、天空菜园、瞭望花园、檐下花园、雨水花园等6个主题花园，力求打造一个"360°绿花园"，着力表达"园林与幸福生活"的展区主题。

图3

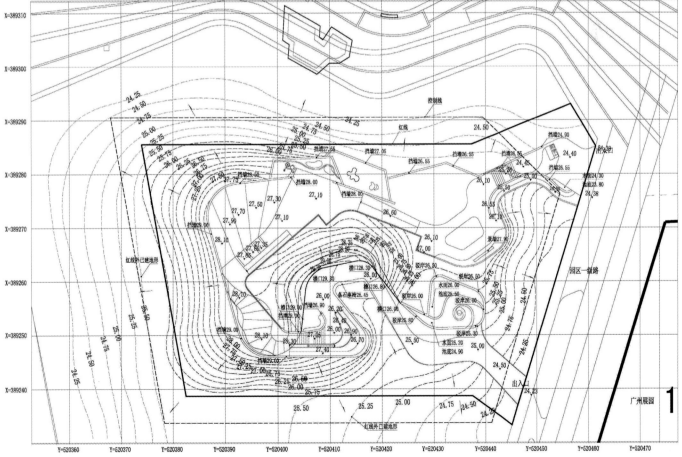

四、特色景观

（一）观赏花园
由上海园入口拾阶而上，给人以登上屋顶的感官错觉，布置观赏草花境和多肉植物观赏区。这五个层次错落有致的观赏草群落和多肉景墙形成丰富饱满的野趣意境，整体打造出一个生机勃勃、自然奔放的原生态场景。

（二）微缩花园
通过慢生、矮化、盆景等小植物模拟大植物的造景手法来营造微观世界。由植物组合成的郊野公路、连绵的小山丘、花园中精致的喷泉、驻足的人偶们，都在演绎着精美的微缩景观，所有植物及建筑小品均按 1:10 的比例完美呈现现实中的景观效果。

（三）天空菜园
主要展示屋顶蔬果种植，将农业作物作为景观元素引入屋顶绿化中，引领都市农业体验式生活，板块状菜田配置以观果类植物、蔬菜、农作物，展示蔬果园艺，营造趣味性、观赏性、参与性强的植物景观区域。

图4

（一）观赏花园　　（二）微缩花园　　（三）天空菜园

（四）瞭望花园

为全园制高点，此处绿丝带卷到空中成为绿
色廊架，廊架顶端的有机玻璃内置上海特色
树种叶片，形成抬头望树叶、低头看剪影的
空中绿廊。

图5

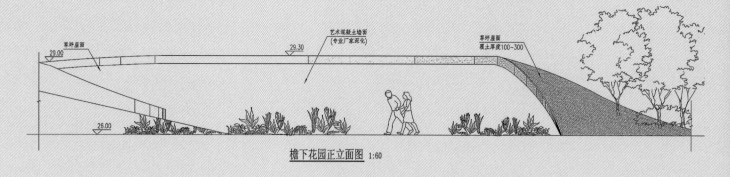

檐下花园正立面图 1:60

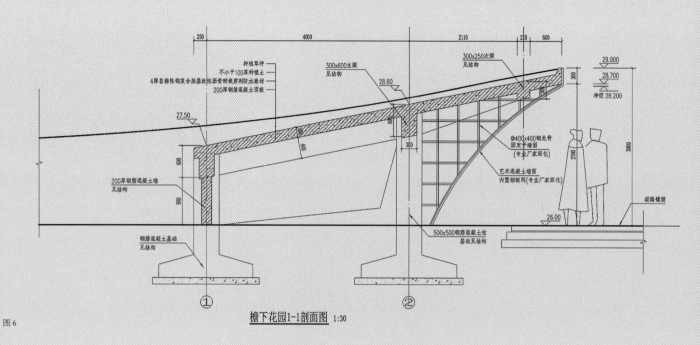

图6

檐下花园1-1剖面图 1:30

（五）檐下花园

是利用斜坡屋顶营造的檐下空间，布置彩叶耐荫耐寒类植物，展示室内绿化和庭院空间绿化。涂鸦墙的一部分还给游客预留了一部分亲密互动的空间，供游客合影留念。

（六）雨水花园

此处的绿丝带化为片片树叶随风起舞，从跌水景中升起，寓意都市空间生态化的趋势日益加强。将雨水通过下渗管道排入雨水花园，完成雨水的自然收集，池塘中种植的睡莲、水竹芋、常绿鸢尾等水生植物错落有致，形成一个立体的湿地系统。

五、结语

上海园看似设计形式简洁，充满趣味性，但在美丽景观和趣味展示的背后却深藏意义——对大城市空间生态化的探讨，让参观展园的游览者被立体绿化中生态而有趣的形式所吸引，上海园将这最新的建设理念和成果完美展现，以期起到一定的倡导作用，激发全民绿化行动，许城市一个更美好的未来。

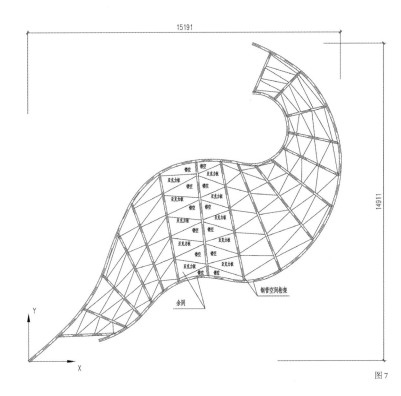

图 7

■ 图 6 檐下花园曲面墙图
■ 图 7 瞭望花园廊架图
■ 图 8 檐下花园实景

图 8

一等奖

获奖项目	获奖单位
■ 吴江芦荡湖湿地公园（原名吴江城南公园）	苏州园林设计院有限公司
■ 新疆拜城县喀普斯浪河东岸滨河景观设计	中国城市建设研究院有限公司
■ 重庆中央公园景观工程设计	中国城市规划设计研究院
■ 东莞国家城市湿地公园生态园大圳埔湿地建设工程设计	深圳市北林苑景观及建筑规划设计院有限公司
■ 库尔勒市三河贯通棚户区改造工程一期工程	乌鲁木齐市园林设计研究院有限责任公司
■ 新疆昌吉滨河中央公园景观设计	上海市园林设计研究总院有限公司
■ 第九届中国（北京）国际园林博览会"北京园"设计	北京山水心源景观设计有限公司
■ 徐州市贾汪区潘安湖湿地公园核心区域景观设计	北京北林地景园林规划设计院有限责任公司
■ 长白山国家自然保护区步行系统及休息点规划设计	深圳市北林苑景观及建筑规划设计院有限公司
■ 山西大同市智家堡公园设计	北京北林地景园林规划设计院有限责任公司

二等奖

获奖项目	获奖单位
■ 红花湖大型停车场及其附属设施建设工程	厦门市城邦园林规划设计研究院有限公司
■ 2014年青岛世界园艺博览会上海园	上海市园林设计研究总院有限公司
■ 上海虹桥路沿线景观绿化整体改造设计	上海市园林设计研究总院有限公司
■ 江阴华士城市主题公园景观设计	苏州设计研究院股份有限公司
■ 杭州江洋畈生态公园	北京多义景观规划设计事务所
■ 北川新县城园林绿地景观设计	中国城市规划设计研究院
■ 天津龙达都市农业旅游景观设计（幻城仙境）	中外园林建设有限公司
■ 澳门大学横琴新校区景观设计	深圳市北林苑景观及建筑规划设计院有限公司
■ 2013年第九届中国国际园林博览会古民居文化展示区	北京市园林古建设计研究院有限公司
■ 林趣园景观设计	北京市园林古建设计研究院有限公司
■ 北京路道路绿化恢复及提升工程	昆明市园林规划设计院
■ 中国第十四届梅花腊梅展昆明市黑龙潭公园景观改造工程	昆明市园林规划设计院
■ 西安市未央广场（地铁行政中心站）园林环境设计	西安市古建园林设计研究院
■ 水磨沟区水磨河千米景观改造工程	乌鲁木齐市园林设计研究院有限责任公司
■ 蜀山区"四季花海"项目规划设计	武汉市园林建筑规划设计院
■ 武汉市东湖生态旅游风景区落雁景区渔父村旅游项目	武汉市园林建筑规划设计院
■ 广州市珠江新城核心区市政交通项目景观工程	广州园林建筑规划设计院
■ 杭州阿里巴巴淘宝城（一期）景观设计	杭州园林设计院股份有限公司
■ 唐山凤凰山公园改造及扩绿工程景观设计	中国城市建设研究院有限公司

三等奖

获奖项目	获奖单位
■ 麓湖花园一期	广州园林建筑规划设计院
■ 成都龙湖长桥郡(一期)	笛东规划设计(北京)股份有限公司
■ 山东潍坊中建大观天下	笛东规划设计(北京)股份有限公司
■ 阳澄湖半岛旅游度假区景观规划设计	苏州园林设计院有限公司
■ 苏州平江新城绿色走廊景观设计	苏州园林设计院有限公司
■ 天津市解放北园改造提升工程	天津市园林规划设计院
■ 宿迁市项王故里核心景观环境设计	南京市园林规划设计院有限责任公司
■ 贵州盘江精煤股份有限公司办公楼景观工程	昆明市园林规划设计院
■ 渔浦公园	昆明市园林规划设计院
■ 寿光市农圣公园(原名为东部林荫公园)	天津市园林规划设计院
■ 青山区南干渠社区绿道工程	武汉市园林建筑规划设计院
■ 沙湖综合整治工程	武汉市园林建筑规划设计院
■ 徐江中凯城市之光名邸绿化园林项目	上海十方源景观设计有限公司
■ 上海东方体育中心总体景观设计	上海市园林设计研究总院有限公司
■ 永利国际广场景观设计	北京市园林古建设计研究院有限公司
■ 平谷新城滨河森林公园	北京市园林古建设计研究院有限公司
■ 通启路(通富北路—园林路)两侧绿化景观工程	上海市园林工程有限公司
■ 北京妫河建筑创意区街道景观和生态塘景观设计	北京市建筑设计研究院有限公司
■ 高新竹园	昆明市园林规划设计院
■ 安徽省黄山市歙县"歙州广场"景观设计	南京金埔园林股份有限公司
■ 山西五台山栖贤阁宾馆落架大修工程景观设计	深圳市北林苑景观及建筑规划设计院有限公司
■ 房山区政府第三办公区屋顶花园	中外园林建设有限公司
■ 张家口崇礼云顶乐园梧桐山庄一期酒店室外景观设计	中外园林建设有限公司
■ 首城国际项目园林绿化景观设计	北京市园林古建设计研究院有限公司
■ 沧州千童公园	北京市园林古建设计研究院有限公司
■ 菏泽市胜利公园景观设计	北京北林地景园林规划设计院有限责任公司
■ 浑河城市段景观提升(北岸工农桥—长青桥)沈水湾公园	沈阳市园林规划设计院

一等奖

获奖项目	获奖单位
■ 滨州北海明珠湿地公园	天津市园林规划设计院
■ 新疆乌苏九莲泉公园景观设计	上海市园林设计研究总院有限公司
■ 杭州余杭区"水景园"工程	杭州园林设计院股份有限公司
■ 上海国际旅游度假区核心区湖泊边缘景观项目(星愿公园)	华东建筑设计研究院有限公司｜上海现代建筑装饰环境设计研究院有限公司
■ 悦来新城会展公园二期景观设计工程	重庆市风景园林规划研究院
■ 安丘市汶河滨水景观工程	北京北林地园林规划设计院有限责任公司
■ 长沙市浏阳河风光带二期工程景观设计	广州园林建筑规划设计院
■ 广州市儿童公园工程	广州园林建筑规划设计院
■ 可园(本体)修复规划设计工程(一期)	苏州园林设计院有限公司
■ 北京市石景山区 2015 年绿化美化工程——小微绿地更新	北京北林地景园林规划设计院有限责任公司
■ 北京中信金陵酒店景观设计	中国城市建设研究院有限公司

二等奖

获奖项目	获奖单位
■ 长丰公园	北京市园林古建设计研究院有限公司
■ 苏州国际会展中心地下室地面广场工程	启迪设计集团股份有限公司
■ 崇明东滩启动区通道防护林工程(一期)设计	上海市园林设计研究总院有限公司
■ 龙口市黄县林苑	北京多义景观规划设计事务所
■ 胶州市少海新城公共开发景观工程A、B区	中国市政工程中南设计研究总院有限公司
■ 南沙滨海绿道湿地公园建设项目	广州园林建筑规划设计院
■ 伊宁市伊犁河滨景观带景观建设项目	乌鲁木齐市园林设计研究院有限责任公司
■ 大西山彩化工程(二期)——凤凰岭地区绿化工程	北京北林地景园林规划设计院有限责任公司
■ 温榆河—北运河(通州城市段)绿道建设工程——温榆河段	北京北林地景园林规划设计院有限责任公司
■ 北京市大兴区永定河左堤绿色通道工程	北京北林地景园林规划设计院有限责任公司
■ 兰州仁寿山旅游风景区生态绿地改造设计	中国城市建设研究院有限公司
■ 住房城乡建设部机关办公楼后院景观改造项目	中国城市建设研究院有限公司
■ 涪陵白鹤森林公园设计	重庆市风景园林规划研究院
■ 莱阳市蚬河西岸(旌旗路—龙门路)环境设计	天津市园林规划设计院
■ 圆明园遗址公园西部地区环境整治修复工程	北京创新景观园林设计有限责任公司
■ 天津市大寺公园景观工程	天津市建筑设计院
■ 桐庐滨江公园二头桥(西区块)景观提升工程	上海市园林设计研究总院有限公司
■ 河山支渠(东风干渠)景观设计	武汉市园林建筑规划设计院
■ 苏州高新区科技城智慧谷山体周边景观提升工程	苏州园林设计院有限公司
■ 深圳市福田口岸"红纽带"公园景观设计	深圳市铁汉生态环境股份有限公司
■ 准格尔旗大路新区中央公园景观设计	天津市园林规划设计院
■ 浑南新城东西轴绿化工程	沈阳市园林规划设计院
■ 新奥·艾力枫社高尔夫花园住宅区景观设计	北京市园林古建设计研究院有限公司
■ 卧龙自然保护区都江堰大熊猫救护与疾病防控中心	中国建筑西南设计研究院有限公司
■ 广西第二届(桂林)园林园艺博览会公共园区及桂林展园园林设计项目	桂林市园林规划建筑设计研究院
■ 南京市仙林鼓楼医院景观设计	南京市园林规划设计院有限责任公司
■ 辽宁省阜新市玉龙新区河道景观设计(一期)	北京清华同衡规划设计研究院有限公司
■ 第十届中国(武汉)国际园林博览会上海园工程	上海市园林设计研究总院有限公司
■ 随州文化公园核心区景观设计	上海市园林设计研究总院有限公司
■ 白天鹅宾馆更新改造第一期工程	广州怡境景观设计有限公司
■ 山东安丘汶河湿地生态修复与景观提升	杭州园林设计院股份有限公司
■ 合川城区涪江上段防洪护岸工程(赵家渡段)配套附属工程	重庆市风景园林规划研究院
■ 宿迁市三台山森林公园规划设计	中国城市规划设计研究院
■ 山西省晋中市晋商公园绿化工程	北京北林地景园林规划设计院有限责任公司

三等奖

获奖项目	获奖单位
■ 天津武清森林公园	上海复旦规划建筑设计研究院有限公司
■ 莲花河滨水公园景观提升工程（一期）设计	北京山水心源景观设计院有限公司
■ 漳州市芝山公园改造工程设计（一期）	中国城市建设研究院有限公司
■ 漳州碧湖生态园	深圳奥雅设计股份有限公司
■ 天童环境绿化、景观、市政道路（管网）设计	宁波市风景园林设计研究院有限公司
■ 海安县如东洲公园	南京林业大学工程规划设计院有限公司
■ 戴家湖公园	武汉市园林建筑规划设计院
■ 广德夫子庙公园设计	南京嘉顿水木景观设计有限公司
■ 上海科技大学景观设计项目	华东建筑设计研究院有限公司｜上海现代建筑装饰环境设计研究院有限公司
■ 青岛大学中心校区——百木园景观工程设计	青岛新都市设计集团有限公司
■ 世博轴综合利用改建工程景观设计	华东建筑设计研究院有限公司｜上海现代建筑装饰环境设计研究院有限公司
■ 青岛城建·桃园山色景观设计	青岛中景设计咨询股份有限公司
■ 北京中关村软件园 C9 地块杰伟研发中心	中外园林建设有限公司
■ 北京城建海梓府	笛东规划设计（北京）股份有限公司
■ 北京门头沟石门营幸福公园景观工程	北京正和恒基滨水生态环境治理股份有限公司
■ 昌平新城滨河森林公园——五、六、九标段	北京市园林古建设计研究院有限公司
■ 宝时得全球总部景观	启迪设计集团股份有限公司
■ 丰县飞龙湖中心公园景观工程	金埔园林股份有限公司
■ 青岛市李沧区段铁路两侧环境综合整治工程	青岛新都市设计集团有限公司
■ 重庆高新区拓展区西城公园修建性详细规划设计	重庆市风景园林规划研究院
■ 越秀区儿童公园升级改造工程	广州园林建筑规划设计院
■ 新乐市东名公园景观设计	天津市园林规划设计院
■ 苏地 2009-B-45 号地块景观设计	金埔园林股份有限公司
■ 兴宁"三百"文化公园规划设计工程	广东中绿园林集团有限公司
■ 馨苑度假村·华园宾馆改造	启迪设计集团股份有限公司
■ 武汉东湖生态旅游风景区鼓架山和长山山体生态修复工程	武汉市园林建筑规划设计院
■ 锡林浩特湿地恢复治理工程	中国中建设计集团有限公司
■ 城北大道（长江北路—通宁大道）两侧景观带工程设计	上海市园林工程有限公司
■ 麓湖生态城 Y8 地块景观二次设计（一标段）	易兰（北京）规划设计股份有限公司
■ 重庆兴龙湖景观设计	华东建筑设计研究院有限公司｜上海现代建筑装饰环境设计研究院有限公司
■ 石景山区京门新线、五里坨西路景观设计	北京北林地景园林规划设计院有限责任公司
■ 853 分所 1 号外场测试培训中心景观绿化工程	深圳市铁汉生态环境股份有限公司
■ 淄博市上海路防洪景观和绿化工程	淄博市规划设计研究院
■ 淄博东部化工区创业园 A 区规划及环境景观设计	淄博市规划设计研究院
■ 2016 年唐山世界园艺博览会核心区景观工程中轴线片区卧龙山景观绿化工程	北京正和恒基滨水生态环境治理股份有限公司
■ 资阳市九曲河景观及建筑工程	中国建筑西南设计研究院有限公司
■ 第十届中国（武汉）园博会宜昌园设计	武汉市园林建筑规划设计院
■ 来宾市桂中水城江北片区水环境整治工程（环境整治部分）	华蓝设计（集团）有限公司
■ 滨海山海湖河木结构配套设施工程设计	山东青华园林设计有限公司
■ 丰盛集团总部景观设计	南京嘉顿水木景观设计有限公司
■ 园博绿道（三里河—南宫）建设工程	北京北林地景园林规划设计院有限责任公司
■ 第十届中国（武汉）园博会台湾园	武汉市园林建筑规划设计院

图书在版编目（CIP）数据

2015·2017计成奖获奖作品集／中国勘察设计协会
园林和景观设计分会编. -- 北京：中国建筑工业出版社，2018.9
ISBN 978-7-112-22503-3

Ⅰ．①2… Ⅱ．①中… Ⅲ．①园林设计—作品集—中
国—现代 Ⅳ．① TU986.2
中国版本图书馆CIP数据核字（2018）第176765号

封面题字：栗元珍
责任编辑：郑淮兵　王晓迪
责任校对：焦乐

2015·2017计成奖获奖作品集
中国勘察设计协会园林和景观设计分会　编
＊
中国建筑工业出版社 出版、发行（北京海淀三里河路9号）
各地新华书店、建筑书店经销
北京富诚彩色印刷有限公司印刷
＊
开本：880×1230毫米　1/16　印张：10¹/₂　字数：325千字
2018年9月第一版　2018年9月第一次印刷
定价：130.00元
ISBN 978-7-112-22503-3
（31879）